编 著：卫东风

新版高等院校设计专业系列教材

商业空间设计

COMMERCIAL SPACE DESIGN

U0312946

上海人民美术出版社

图书在版编目（CIP）数据

商业空间设计／卫东风编著.—上海：上海人民美术
出版社，2016.6（2020.3重印）
（新版高等院校设计专业系列教材）
ISBN 978-7-5322-9906-5

Ⅰ.①商… Ⅱ.①卫… Ⅲ.①商业建筑—室内装饰设
计—高等学校—教材　Ⅳ.①TU247

中国版本图书馆CIP数据核字（2016）第101570号

新版高等院校设计专业系列教材

商业空间设计

编　　著：卫东风
责任编辑：邵水一
装帧设计：曹　瑜　徐　磊
封面设计：陈　劼
技术编辑：史　湧
出版发行：上海人民美术出版社
　　　　　（上海长乐路672弄33号）
　　　　　邮编：200040　电话：021-54044520
网　　址：www.shrmms.com
印　　刷：上海印刷（集团）有限公司
开　　本：889×1194　1/16　8.5印张
版　　次：2016年6月第1版
印　　次：2020年3月第5次
书　　号：ISBN 978-7-5322-9906-5
定　　价：58.00元

前 言

商业空间设计研究和教学都离不开对商业概念、商业类型、空间基本理论的教学研究。目前的商业空间设计教学的教材与教学重点存在着这种偏向：对商业概念和商业模式、营销策划关注太少，对室内空间结构和组织设计缺少教学组织，教学内容多是常规的室内设计实用技术推广、对室内空间的一般显性认识、对室内空间的常见形式变化的罗列。关于本书编写、教学安排有如下思考和建议：

（1）透过营销看空间。商业形态决定商业空间构成，以商业营销理论指导空间设计，提倡要对商业零售店进行系统调研，认识商业，才能够做好商业空间设计。

（2）透过建筑看室内。我们倾向于借鉴建筑空间理论和教学研究来提升商业空间设计教学与研究。透过建筑看室内，建筑是"基石"，空间是"核心"，家具是"要素"，展示是"拓展"。

（3）空间组织设计能力决定创意能力。人们对身边空间常表现得熟视无睹，更缺少对空间组织关系的认识；相比建筑外观实体，人们对室内虚空感知不敏锐。我提倡学习空间理论，带着认知目标去感受空间环境，创造新的空间。

（4）加强生态设计意识与生态设计能力培养。从对生态设计定位、生态设计机制、生态设计形态等认识，阐述生态设计设计在商业空间中的适用性，注重培养未来设计师的生态设计意识。

（5）关于设计教学和实践。设计教学并不仅仅是一种理论或方法的应用，其自身已经成为具有一定独立性的研究或创造活动。在对现实的商业空间各种状态和条件的模拟基础上，通过教学过程中师生双方的设计讨论和操作取得异于行业程式化的创新成果。

（6）关于商业空间设计图例。本书的插图采用与文字内容模糊对应，重点突出新商业空间概念创意设计表现，通过系列案例，诠释空间认识和操作能力、材质和色彩运用表达、光环境设计、类型设计、生态设计。

本书编写过程中，大量资料搜集和整理得到编者的研究生徐瑶、苏卫红、陈宁、朱珂璟、曹子昂、浦茜、何婷、夏宁娟、郁郁、李付兰、闫子卿、张嵘的协助，在此表示衷心的感谢！

编者从事室内设计教学与实践多年，本书试图去适应多种层次的教学要求。由于编者水平有限，书中不妥之处难免存在，恳请专家、学者及广大读者提出宝贵意见。

编　　者

目 录

第一章 基本特点

课前准备

请每位同学准备 2 张 A4 白纸，规定时间 10 分钟，默写自己所熟悉的不同的商业形态分类。10 分钟后，检查同学们的文字，并保留文字作业至本章教学结束，对照自己的认识与教学要求的异同。

要求与目标

要求：通过对本章的学习，学生应充分了解商业行为的历史沿革、基本的商业空间概念学习，走进身边空间中认识和发现有意味的商业空间形态。

目标：培养学生的专业认知能力，观察与思考身边的商业形态和商业空间类型特点，为商业空间设计课程学习打好基础。

本章要点

①商业形态基本概念；②商品对空间的影响；③商业空间分类基本知识。

本章引言

人们对身边商业空间常表现得熟视无睹，自认为最熟悉身边的空间环境，其实不然。本章的教学重点是使学生从了解商业和商业空间的基本概念入手，认识商业形态和其空间形态分类的基本特点，为商业空间设计打好基础。

第一节 商业形态

本节引言
　　随着商业模式的变化，商业形态不断向多元化、多层次方向发展，表现为购物形态更加多样化。在本节中，我们重点讨论商业、商业形态概念、商业空间沿革。

一、商业

　　商业是以货币为媒介进行交换从而实现商品流通的经济活动。商业有广义与狭义之分。广义为所有以营利为目的的事业，而狭义为专门以商事为主体的营业活动或以消费服务为主的经营性行业。它在商业活动中起到了解消费需求、推销产品、进行商业服务、预测市场前景等作用。大多数的商业行为是通过卖出商品或服务来赢利。而某些商业行为只是为了提供运营商业所需的基本资金，一般称这种商业行为为非营利性的，如各种基金会等。

二、商业形态

商业的集聚是商业的一种表现方式。从古到今，商业的这种集聚现象都普遍地存在着。随着时代的变迁，近几十年科技及生产力的不断发展，人们的消费水平、消费方式、消费模式的变化使得这种商业集聚更加趋于明朗化。商业的集聚可大致分为点、线、面三种形态。（详见表1-1）

商业形态	形态特点	商铺类型	空间特点
散点状形态	人们日常居住的居民区、交通干道沿线的便利店、服务店、城市郊区的零星小店等。	传统商铺 社区商铺 专卖店	小、中型，具有传统商铺功能特点。
单点状形态	单点状的商业航母，在人们日常居住的居民区、城市郊区零星布局。	大型超市 仓储商店	单体商业空间规模大、类型全。
条带状形态	表现为商业街或专营商业街，是一种沿街分布的形态，例如北京的王府井大街、南京的湖南路商业街等等。	商业街商铺 购物中心 大型商业中心	行业类型和分类较统一。空间类型丰富。
团块状形态	团块状的形态有我们熟知的义乌小商品城、北京的潘家园旧货市场、东部的商务中心区等。	综合与专业批发市场 购物中心商铺	行业类型统一，空间聚集。
混合状形态	混合状的商业集聚，是近年来出现的商业业态，在空间拥挤的办公区、地铁等地方布局。	写字楼商铺 地铁机场商铺	空间规模小，类型交叉。

表1-1 商业的集聚和形态表

三、商业空间沿革

1. 起源

在原始社会时期，人类便开始从事各类商业活动，开始是以"以物易物""互通有无"的不定期交易方式进行的，后来发展为定期的集市形式。这种集市的形成与人类生活方式或习惯（农事、宗教、习俗）等有密切关系，并逐渐以"赶集"和"庙会"等形式固定下来，而聚集于渡口、驿站、通衢等交通要道处相对固定的货贩以及为来往客商提供食宿的客栈成为固定的商铺的原型。

2. 发展

商业活动由分散到集中，由流动的形式变成特定的形式。商铺的固定带来了不同的商品行业种类——集镇或商业区，固定化的商业空间必然需要配备一定的商业设施，为来往的客人提供方便，促进交流，更好地配合商品交易。于是，相应的交通、住宿等其他休闲设施及货运、汇兑、通讯等服务性的行业也随着商业活动的需求而产生。

随着商品经济及科技的发展，现代的商业活动空间无论在形式上、规模上，还是功能上、种类上都远远优于过去的形制。（图1-1 ~ 10）

图1-1 南通老街，二层木构建筑，对称布局。   图1-2 杭州老街，店招牌匾林立，固定的商业模式。

图1-3 老北京前门大栅栏店铺。柱式、扶栏、挂落、店招、暖帘等立面形态丰富。

图1-4 老上海西式店铺，全英文店招与西式建筑柱式、拱券搭配。

图1-5 传统餐馆空间复原，室内、庭院、门前路边空间三位一体，自然和谐。

图1-6 传统布料店铺空间复原，集陈列、接待、结算空间于一体。

图1-7 传统成衣铺空间复原，量体裁衣、出样陈列、前店后坊格局。

图1-8 传统铁匠铺空间复原，集加工空间与产品销售陈列空间并置。

第二节 商品对空间的影响

本节引言

　　商品、商业形态及模式制约着商业空间构成。在本节中，我们重点讨论商品要素、形态、销售与空间要素关系。

一、商品要素与形态

　　商品，是为交换而生产（或用于交换）的对他人或社会有用的劳动产品。狭义的商品仅指符合定义的有形产品。广义的商品除了可以是有形的产品外，还可以是无形的服务如保险产品、金融产品等。作为对空间产生影响的有形产品要素，包括商品形态要素、商品尺度、商品包装等。商品要素与形态关系表现在：

　　（1）商店销售的产品外壳和包装，其形态有大小之分，硬质外壳和软质外壳之分，需要不同对待。如家电产品，其本身是硬质外壳，可以独立陈列，需要留有适宜的空间位置。

　　（2）要考虑家电、电子产品销售中的演示操作的方便。

　　（3）服装成衣和家纺产品，是软质形态，需要由支撑设施、悬挂设施、覆盖来陈列销售，以及试用试穿等方便接触产品。

　　（4）一般情况，产品的自身硬质尺度越大，对空间的依附性越小。如汽车产品专卖店，以环绕型空间衬托为主，不会做太多的围合构建。

二、商品销售及服务

　　商品销售是指商品生产企业通过货币结算出售所经营的商品，转移所有权并取得销售收入的交易行为。不同商品形态有不同的销售形式。以食品店和餐厅为例，销售产品都是食品，但餐厅销售形式是包括食品和食用操作的有形服务、有形空间使用过程。因此，不同的商品销售服务形式和商品形态也决定了空间的使用特点。

　　一般来说，餐饮价格和有形服务、有形使用的空间环境质量成正比，越是价格贵的餐厅、专门店、珠宝店，空间环境也越高档。可见，空间环境质量对提升商品销售服务质量和销售价格有直接关系。

三、空间为商品销售服务

　　空间为商品销售服务要点包括：

　　（1）商品销售策划与环境分析：对所售商品的种类与特点、潜在的消费群体、销售份额与优势、市场发展的走势以及经营所在的位置与环境等方面进行调查与分析，从而罗列出空间设计计划。

　　（2）空间布局直接性：在有限的时间与空间内，尽可能地吸引消费者的消费欲望，让其最方便、最直观、最清楚地接触到商品是首要目标。

　　（3）强调商品的陈设：店内的商品以及相应的展台、展柜、橱窗设计等，在陈设设施、布光多方面、全方位地突出商品的展示效果。

图1-9 服饰店通过围合陈列柜布局和独立摆放，体现空间层次。

图1-10 对小型家具设施产品出样，需要设置地台和底托。

图1-11 通过弱化背景色调，使产品陈列成为空间主角。

图1-12 在仿真室内环境中布置陶瓷产品，顾客在体验中购物。

　　（4）强调空间的引导性和视觉性特征：采用一些标志、招贴、广告等平面设计的元素在空间中加以应用，这些具有标志性和引导性特征的设计元素，始终充斥着消费者的眼球，从而由生理的感观刺激心理直至行为的消费。（图1-9～12）

第三节 商业空间分类和基本要素

本节引言

　　商业空间的格局分为三个部分，即商品空间、店员空间和顾客空间，其中商品空间为主要空间。在本节中，我们重点讨论沿街门店空间特点和室内设施的基本特点。

一、空间分类特点

不同的商品销售和商业服务环境造就了不同的空间类型和特点。对空间分类特点的关注，是商业空间设计的基础。依据商业建筑规模与空间的分类，有区域、行业、大小等等之别。

名称	区域规模特点	经营特点
商业区	城市内部零售商业聚集交易频繁的地区。通常以全市性的大型批发中心和大型综合性商店为主。	其特点是商店多、规模大、商品种类齐全，具有较强的聚集效应和人气场。
商业街	区别于商业区，以入口至出口为中轴，街两侧对称布局，有专业商业街和复合商业街等。	专业商业街中，商铺往往集中经营某一类商品。
商业中心	指担负一定区域的商业活动中心职能的城市，或一个城市内部商业活动高度集中的密集之地。	商业中心往往经营种类齐全，生活服务设施完善。
大型商场	有大型百货商场、大型超市、购物中心等。一般设在经济繁华的地区，地理位置靠近中心城区。	比单一零售业态更具有多种功能和综合优势。
专卖店	销售某品牌商品和某一类商品的专业性零售店，针对特定的顾客群体而获得相对稳定的顾客。	大多数企业的商品专卖店还具备企业形象的产品品牌形象的传达功能。

表 1-2 依据商业建筑规模与空间的分类特点表

以上的分类是依据建筑规模对零售业分类。此外，还可以根据行业的空间细分，如酒店业、餐饮业的空间类型。

二、功能与表现特点

每一个行业类别都有着与自身经营需求相符的，并经过长期积累所形成的相对统一的空间模型，并形成商业空间的功能性与表现性特点：

1. 功能性特点

商业空间的功能性特点体现在符合行业空间使用需要的适合性，对于商业零售空间，要有利于提高商品展示环境品质，对销售业绩有直接影响。对酒店、餐饮店、美容美发店，有合理功能布局与流线设计，合理的后场空间。有完善的视觉识别导向系统、设备设施系统、仓储系统、路径网络系统。

2. 商业空间表现性特点

商业空间五光十色、千变万化，但从总体特点来看，不同的商业类型和使用要求，影响并形成行业空间格局，表现出类型化、地域化、程式化、系列化、综合性等特点。详见右表。

名称	表现性特点	综合要点
类型化	1. 空间形态类型化：方形或长方形空间，一字形柜台，前店后坊格局等等。 2. 色彩类型化：不同的行业和空间，如酒店、餐饮、美发、服装店有着类型化的色彩特点。 3. 装修材质类型化：质朴粗犷的木材、木质感，被用于餐饮小吃，粗粝石板原木，被隐喻乡土风情店。 4. 装饰类型化：餐饮、服饰店、零售店都有各自对待外立面、室内顶地面装饰的基本做法。	空间、色彩类、材质、装饰类型化。
地域化	不同地区对待商业空间类型、使用、装饰处理有地域类型特点。	地域特色
程式化	商业形态和模式影响程式化空间类型形成，这是商业空间传承特点之一。	传承特点
系列化	系列化、配套全面、服务延伸是当今空间类型的新特点。	配套全面
混搭化	地铁商铺、办公商铺、展厅化商铺等等出现，表明空间使用多样化，类型多样重叠，复合化。	类型混搭

表 1-3 商业空间的表现性特点表

图 1-13 空间呈现集中化、综合化、多元化的商业类型特点，顶部满贴的黑白摄影图片成为设计中心。

三、商业空间基本要素

　　商业空间基本特点包括室内外空间与设施要素。商业空间的店面（包括门头、橱窗设计等），很大程度代表了一个商业空间的经营性质与理念。门店空间以多样的陈设手法去展现所经营的商品和类型，并达到较为强烈的可辨识度要求。室内空间的顶地墙、隔断要素完成商业空间功能和表现。（图 1-13 ～ 16）

1. 室内外空间要素

　　（1）顶地墙。是室内空间围合与构成的基本要素。

　　（2）入口。入口空间形态与经营类型相互关联。

　　（3）大门。高门、宽门、封闭与通透门，产生不同的商业效果。

　　（4）雨棚。尺度、前伸长短和形态，是构成店面形象的主要要素。

　　（5）标志。牌匾、字体、标志，与门店空间一体化特色构成。

　　（6）色彩。门、门框、柱、墙色彩和材质特点。

　　（7）橱窗。独立式和通透式橱窗与外立面空间的整体构成。

　　（8）照明。外立面和室内照明是经营氛围塑造、标志与形象要素。

2. 家具设施要素

　　（1）销售性家具设施。如收银台、货架、橱柜等。

　　（2）陈设家具设施。商场的展柜是表现商品的主要载体。

　　（3）服务性家具设施。如桌椅、服务台、厕所等，是落实销售过程的必要设施要素。

　　（4）装饰设施。由环境标志、空间视觉中心装饰、空间装饰构成。

图 1-14 ～ 16 商店空间形态、表皮材质、标志系列、光环境设计突出展示性特点。

EXERCISES

第一章 单元习题和作业

1. 理论思考

（1）什么叫商业形态？

（2）什么叫商业模式？

（3）请举例简述商业空间表现性特点。

（4）请举例简述沿街门店空间特点。

2. 操作课题

（1）选择适合的社区商业街，对门面拍照。不少于 20 个门面。通过对所拍摄资料的归类和分析，总结商业空间的分类特点。

（2）对社区商业街，对门面拍照。搜集门面的大门款式，勾画线描，对大门的开合方法、材质、装饰细节分类和总结。

3. 相关知识链接

（1）请课后阅读《简明中国商业史》中国商品交换与商业起源的传说、新中国的商业等章节。余鑫炎主编，中国人民大学出版社 2009.2

（2）请课后阅读《商业模式新生代》商业模式定义、商业模式画布等章节。[瑞士]亚历山大·奥斯特瓦德等著，机械工业出版社 2011.8

Chapter

第二章 设计程序

课前准备

请每位同学准备 2 张 A4 白纸，规定时间 10 分钟，默写自己所认为的商业空间设计基本程序大纲。10 分钟后，检查同学们的文字，并保留文字作业至本章教学结束，对照自己的认识与教学要求的异同。

要求与目标

要求：了解商业空间设计有哪些具体程序，熟悉各个阶段的基本任务、商业空间设计的制图内容以及设计表现图的相关知识。

目标：培养学生的专业操作能力，学会有序安排各个阶段的设计分析、资料整理、设计任务，按照设计规范要求，完成有质量、深度、完善的图纸。同时具备良好的沟通能力。

本章要点

①分析设计资料手法、要点；②概念确立、草图草模设计；③系统、空间、主要平面立面设计要点。

本章引言

商业空间设计程序是保证商业空间最终效果的前提，其设计的进程一般分为四个阶段：设计前期、概念设计、方案设计、施工图设计。

第一节 设计准备阶段

本节引言

在准备设计项目前，设计师与业主交流是必要的一个环节，主要目的是充分了解商业环境的具体内容，认真领会业主的设计要求、动机和项目资金情况。在本节中，我们重点讨论接受委托与业主的交流、实地勘测及作业流程分析方法。

一、接受委托

在接受设计任务展开工作之初，设计师必须了解项目的背景以及同类项目的情况，带着自己所掌握的知识经验与业主交谈对即将设计的项目会更加清晰。与业主交流的作业程序如下：

名称	作业内容	综合要点
交谈	了解业主的功能需求，包括受众人群，受众人群的年龄、爱好、习惯等等，这些都是设计师需要知道的基本素材。	了解业主
介绍	使用范例给业主进行介绍，看是否可行。设计师可拿出案例样本，直观地展现给业主，通过交流，找到双方共同的结合点。	引导业主
建议	保持良好的态度并适当地给予建议，切不可只顾己见或一味地迎合业主不切实际的想法。发挥专业特长，取得业主的信任。	专业意见
预算	交谈中要了解整个项目的投资预算，在预算范围内合理地进行设计与规划，避免因为资金问题而使设计中断。合理使用资金。	合理造价

表2-1 接受委托与业主交流的作业程序表

在与业主进行充分深入的交流之后，设计方应与业主进行设计任务书的制定，从而在项目实施之初决定设计的方向并保证设计师的经济利益，如意向协议文件、正式合同等。设计任务书是制约委托方（甲方）和设计方（乙方）的具有法律效应的文件。

二、实地勘测

设计项目启动，需要进行充分的实地调查与勘测，以便于了解建筑空间的各种自然状况和制约条件。在现场实地勘测时，应带上笔、卷尺、速写本和建筑图纸，最好带部相机，便于直接地记录现场的各种空间关系状况。作业程序见表2-2。

名称	作业内容	综合要点
看空间	CAD 建筑图所表现的建筑状况是很有限的。看空间的朝向，感受空间尺度关系、空间围合关系和流线关系。	空间关系
看采光	了解建筑窗的自然采光、光照度、早晚光照、营业时间段等等，综合思考照明设计。	照明设计
看层高	有些建筑层高偏低，现场勘查后，便于决定顶部的造型设计。有些建筑层高好，要善于利用高度营造特定的空间体验。	顶面设计
看管线	建筑图中，有些会漏标设施管线的情况，需要到现场核实清楚。	设施管线
看消防	了解消防通道，符合消防设计规范。整合流线设计。确保长期使用安全。	消防通道
量尺寸	建筑图与建筑空间现场的不符合情况非常普遍。一定要测量清楚建筑柱、隔墙大小、室内开间宽窄。	复核尺寸
看环境	看建筑外立面和周围的环境，以便于了解建筑状况和制约条件。	周边环境

表 2-2 现场实地勘测作业程序表

三、作业流程分析

对商业空间使用进行研究离不开对不同商品销售和商业服务作业流程的分析，只有完全清楚作业流程，才能够更好地展开空间规划设计工作。根据一般作业流程，大致可分为：

（1）业态分析流程。包括市场分析、商圈调查、选址装修、筹备开业等。其中前期的市场分析与商圈调查是进行商业行为的基础，主要定位商业空间的商品类型、行业前景、消费人群等，从而确定店面设计定位。同时，应根据不同类型的商业空间制定相应的销售手段、营销方式、管理制度及经营效果分析等。

（2）空间使用流程。不同的商业空间使用流程有许多特殊要求，在功能上和设施上会有较大的差异，但从其空间与服务性质的关系上来分，都有直接与间接的区别。

（3）资料整理。通过与业主的交谈以及调研、实地勘探工作，设计师明确设计任务的各个方面，包括空间的使用性质、功能特点、设计规模、定位档次和投资标准等相关内容，并将所搜集资料分类整理，以及实地勘测的数据、照片整理。复核图纸尺寸、管线位置。

第二节 方案设计阶段

本节引言

方案设计阶段是重要的设计操作阶段，包括概念提出与构思创意、功能设计及细化落实、方案设计及图纸表达。在本节中，我们重点讨论商业形态与模式确立，概念确立和草图草模表达，功能设计和方案设计步骤。

一、概念设计

概念设计是指利用设计概念并以主线贯穿整个设计始终的设计方法与设计步骤之一，是设计者感性和瞬间思维的凝结，也是设计者创造思维的一种体现。概念设计也是由业主需求到生成具体实物的一系列有序、有组织、有目标的设计活动，它表现为一个由模糊到清晰、由抽象到具体的不断完善的过程。作业程序见表2-3。（图2-1）

名称	作业内容	综合要点
初步概念	分析业主要求和前期调研资料，提出设计师的初步概念思考。提出经营概念、空间概念和富有冲击力的概念主题词。	主题词要简约，富有冲击力和联想。
交流反馈	充分交流，听取业主意见和合作设计者的意见。尊重使用要求和功能要求，吃透业主心思。	吃透业主心思，确定初步发展方向。
概念生成	确定发展方向，细化概念内涵表达。确定概念主题图形、主题词。结合造价和功能区划定空间规划草图。	空间规划泡泡图。重点突出，自由表达。
概念设计表现	1. 简约的文字策划文本。 2. 主要的空间分析图、功能图、流线图。 3. 主要的空间节点透视效果和模型分析。 4. 简约、直观、有亮点的草图草模设计图。 5. 经过挑选和修改的相关图片资料。	要快速、简约、直观、有亮点。要概括性表达新设计理念和新奇之处，打动业主。
交流反馈	要表明设计师的创新和意见，打动业主，听取业主修改意见。业主只会和感兴趣的概念设计做深度交流。确认发展框架。	不能够打动业主的概念设计是不成功的。

表2-3 概念设计作业程序表

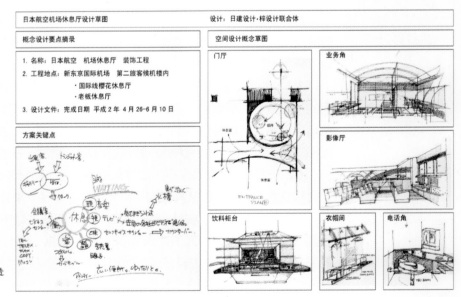

图2-1 概念设计包括对项目关键词分析、功能要素泡泡图、布局分析草图和空间透视草图。

二、功能设计

熟稔商业空间的功能是设计整个方案的大前提。功能设计要点如下：

（1）经营需求：符合经营需求是第一要务。用文字和草图表达设计项目的行业类型特点和特殊要求的功能设计。

（2）区域分配：直接营业区面积大小和布局，间接营业区和辅助空间的位置和面积，需要反复排布平面。

（3）流线设置：根据粗略的区域分配，细化设计，完成区域细化和连接、主次交通流线、家具排列、景观视线设计。通常要完成 2 ~ 4 个比选方案。

（4）空间节点：梳理空间关系，如接待空间、共享空间、顾客空间、陈列空间、交通空间、服务空间等，其连接与接触，独立或重叠，功能和景观关系。

（5）建筑规范：检查是否符合建筑规范、消防要求的空间分割、路径流线、开门设置、家具安排、结构设施设计。

三、方案设计

方案设计不同于概念设计，概念草图注重设计思维的表现，不太讲究尺寸比例、制图规范等，只讲大关系，其准确性与严谨性不够。方案设计图是概念设计草图的具体化和准确化。不管是手绘还是计算机绘制，都要求有准确的尺寸、适当的比例、规范的制图。详见表 2-4。

案例作品：《瑞德儿童书店室内设计》，设计：储佳妮、姚峰（图 2-2 ~ 9）

作品为创造一个以孩子为主角的生态空间，将大自然中树枝的形态融入到书店的设计当中。同时，这种自然形态象征着生长，希望孩子们能在知识的海洋中汲取养分，成长为参天大树。

名称	作业内容	综合要点
图纸说明	包括项目的总体设计说明、基本图纸内容、设计范围、建筑与室内设计依据和规范、设计创意、使用材料、照明设计说明等。	总体设计说明
平面图	平面图是其他设计图的基础，主要用于表现空间布局、交通流线、家具陈设摆放、墙壁和门窗位置、地面铺设形式等。包括平面功能布局图和地面材质图。图纸常用比例为 1:100，1:50。	系列图纸
顶面图	表现的是天花板在地面的投射情况。内容有层高、吊顶材质、造型尺寸、灯具及位置、空调风口位置等，常用比例为 1:100，1:50。	系列图纸
立面图	立面图是用于表达墙面、隔断等空间中垂直方向的造型、材质和尺寸等相关内容构成的投影图，能清楚地反映出室内立面的门窗、墙壁、隔断、橱柜等家具的设计形式和构造（可移动的家具设施除外）。常用比例为 1:100，1:50。	主要立面图纸
效果图	依据平面图、吊顶图、立面图的真实尺度，绘制主要空间场景效果图，真实反映空间形态、光环境设计、材质和表皮。	效果精致
文本制作	包括设计说明、概念生成、基本图纸、效果图、概算估价、PPT 或动画演示文件、文本和主要图纸的电子文件。	完整丰富

表 2-4 方案设计图纸要求表

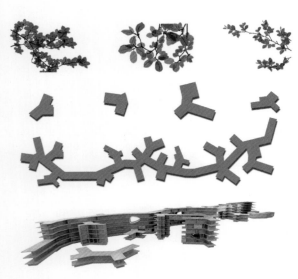

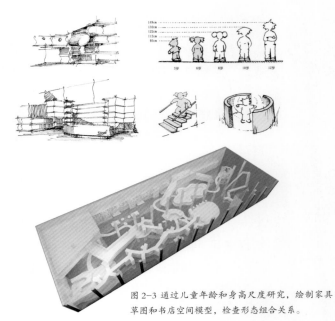

图 2-2 将大自然中树枝的形态融入到书店的概念设计当中，生成平面布局和书架形态。

图 2-3 通过儿童年龄和身高尺度研究，绘制家具草图和书店空间模型，检查形态组合关系。

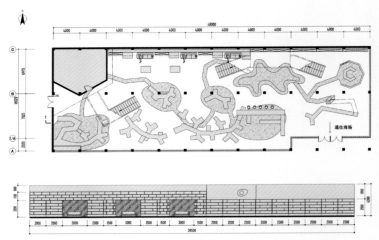

图 2-4 通过对书店使用功能、顾客购物活动流线、区域关系分析，调整平面布局。

图 2-5 以树枝形的书架为空间的构成元素确定书店总平面图。以深化主要空间立面细部设计。

图 2-6 书店整体的空间组织为组团式布局。通过书架围合和地面色彩进行区域分区。

图 2-7 将形态、大小、方位等有着共同视觉特征的书架组合到相对集中的"主干"流线上去。

图2-8 把各种形状大小的书架柔性组合在一起，形成丰富的空间形态。

图2-9 彩色沙发点缀、穿插于空间中，将各功能区域串联起来，使空间灵活、多变、有序。

图2-10 线性空间之字形布局的海鲜餐厅，线、面、体构成餐台和背景框架，纹理石片通透、简约、灵动。

《JG JEAN-GEORGES TOKYO》海鲜餐厅，东京港，设计师：
Gwenael Nicolas/CURIOSITY（图2-10）

第三节 施工图与设计实施阶段

本节引言

　　施工图设计是对方案设计图中所确定的内容进一步具体化，绘制工程图纸。在本节中，我们重点讨论施工图设计的规范、步骤、要点，施工交底与跟踪设计变更，竣工与软装设计要点。

一、施工图设计

　　施工图设计阶段，是将方案设计图进一步修正、规范、细化、完善，变成工程图纸的最关键一环。是为现场的施工、施工预算编制、设备与材料的准备、保证施工质量和进度提供必要的科学依据。施工图设计要点：

　　（1）精确详尽：施工详图与设计方案相比，尤为注重图纸表达尺寸的精确和细节的详尽。

　　（2）局部详图：对于一些特殊的节点和做法，一般要求以局部详图的方式将重要的部位表示出来（局部详图是平面、立面或剖面图任何一部分的放大，主要用来表达平面、立面和剖面图中无法充分表达的细节构造部分）。

　　（3）比例尺寸：总平面图常用 1：100 比例，而局部详图用较大的比例尺寸（如 1：10 或更大的 1:1 比例）来表示详尽的造型或做法的细节。

　　（4）图纸完整：施工图一般包括平面图、立面图、剖面图、大样图、系统图等，按工种分装施（装饰施工）图、电施（电气施工）图、暖通（暖通通风）图、给排水图等。

　　（5）CAD 修改：施工图绘制通常采用的是 Auto CAD 软件，便于施工过程中的跟踪修改、度量尺寸以及竣工决算资料出图。

二、施工交底与跟踪设计变更

　　施工交底。是指设计师在施工前向施工单位说明设计意图并进行图纸的技术性指导工作。它包括：就设计的总体意图向施工人员进行解说，听取施工方提出的各种施工技术疑问，并回答相关问题。在施工过程中，负责对与现场出入很大的设计进行局部修改、补充和变更。设计变更原因见表 2-5。

三、竣工图与软装设计

　　竣工图。是在工程验收合格之后，由施工单位根据工程的实际情况绘制一套图样，以作为工程决算的依据和建档资料的留底。竣工图应该能正确地反映出工程量、工程用材及工程造价，并能体现设计的功能及风格，出图深度同施工图。竣工图作为重要的归档备查的技术图纸，必须真实、准确地反映项目竣工时的实际情况，应做到图物相符、技术数据可靠、签字手续完备。

　　软装。室内除固定的设施（如墙面、门窗位置、顶棚等一些原有的建筑造型）以外，其余的可以移动的装饰物及设施（如沙发、电视、地毯、窗帘、桌椅、橱柜、艺术品等）都可属于软装。软装设计通过对家具、床位、卫浴家具摆放位置的调整，对室内纺织品选择、室内陈设、广告招贴布置来增强和调控室内最终效果等。

名称	作业内容	综合要点
变更设计	是指在施工过程中根据现场实际情况对原先施工图样及施工方法进行局部的修改和补充，并将改动和补充体现在变更后的图样上。	修改补充
	跟踪设计的同时要紧扣商业空间的特点进行变更，不能跳脱原题。	紧扣特点
	根据性质和涉及费用的不同，重大变更，即包括改变技术标准和设计方案的重大变动。涉及造价、工期和效果。要慎重，需要业主和监理批示。	重大变更
	重要变更，即不属于重大变动范围的较大变更。需要业主和监理批示。	重要变更
	一般变更，即变更原设计图样中明显的差错和漏洞。	一般变更
变更事由	来自甲方的因素，如产权变更、转换经营方向、变化经营方式、降低或抬高装修标准等。	来自甲方
	来自施工方的因素，如遇到技术问题、施工设备限制、材料市场缺货、节约工程成本等。	来自施工方
	来自监理工程师的因素，如施工条件、施工难易程度、临时发生的各种问题。	来自监理方
	第三方因素，如当地政府部门或周边群众提出的变更要求。	第三方
	设计单位的因素，如有新的考虑或进一步完善设计等。	设计方

表 2-5 变更设计的事项表

EXERCISES

第二章 单元习题和作业

1. 理论思考

（1）接受委托项目后，如何与业主交流？请举例简述。

（2）什么叫概念设计？请举例简述。

（3）请举例简述方案设计要求和图纸内容。

（4）请举例简述绘制施工图的常见问题。

2. 操作课题

（1）选择一个服饰店，对门面和营业空间多角度拍照。选取所拍摄照片的两个角度，完成手绘线描图两张。要求透视准确、结构交代清楚。

（2）对一个服饰店的空间、展具、衣柜、柜台拍照。按照制图规范，绘制其中一幅主立面施工图，套图框。

3. 相关知识链接

（1）请课后阅读《室内设计概论》室内设计的程序和步骤章节。崔冬晖主编，北京大学出版社 2009.2

（2）请课后阅读《空间》空间与场所、空间与环境章节。詹和平编著，东南大学出版社 2011.12

4.案例欣赏

案例1:《CONNECT TO》汽车形象店,韩国首尔,设计师:Yuji Hirata/NOMURA(图 2-11 ~ 14)

图 2-11 首尔品牌车形象店空间布局并不复杂,但是在立柱和围合面以及服务台设计上创意表现独特。

图 2-12 ~ 14 参数化曲面柜台飘逸流畅,夸张的独立柱造型连接顶地结构,投影机辅助光斑营造了一个蓝色、梦幻般的诗意环境。

案例 2：《BAND OF OUTSIDERS》服饰店，东京，设计师：LOT-EX（图 2-15 ~ 18）

图 2-15 服饰店空间设计呈现中心化结构，设置服饰钢架轴，可以沿轨道旋转变化空间布局。

图 2-16 ~ 18 灵感来源于工业厂房和机器设备，裸露的混凝土建筑结构所呈现的刚性肌理，衬托出休闲服饰的素洁与柔韧。

Chapter

第三章 形态设计

课前准备

请每位同学准备 2 张 A4 白纸，规定时间 10 分钟，默写自己所熟悉的 1 种餐厅营业空间平面布局图，并对所画平面从结构关系和组织关系给予命名。10 分钟后，检查同学们的平面布局形态，并给出点评。

要求与目标

要求：了解商业空间类型特征、空间结构设计的并列结构、次序结构、拓扑结构的相关操作知识。了解商业空间形态的组织设计操作知识。

目标：培养学生的专业操作能力，学会运用空间结构设计、空间形态的组织设计操作知识。在设计中通过主动操作，从结构与组织层面实现空间创意。

本章要点

①商业空间类型；②并列结构、次序结构、拓扑结构设计；③线式与放射式组合、组团式与集中式组合设计。

本章引言

商业空间形态设计的核心内容是空间结构和空间组织设计。空间结构是建构最具实质意义的内容，结构形式的造型、体量对空间形式有着最为直接的影响。结构是柱、墙、板的组合关系，可以确定空间，形成单元。空间可以利用其组织规律来实现各种建构方式。本章的教学重点是使学生从了解空间形态的结构与组织设计入手，学会在特定的商业空间设计中应用操作。

第一节 商业空间形态

本节引言

　　我们生存的环境中，到处存在着以长、宽、高三维尺度构成的空间。三维关系中某一个尺寸发生变化，都会导致空间关系发生变化，形成以三维坐标为衡量尺度的单纯空间关系。商业空间形态变化的空间关系，均来自最基本的空间构成的变化，从空间关系的建构平台上显示出各不相同的形式和寓意。在本节中，我们重点讨论空间概念、商业空间形态特征。

一、空间

　　空间是万物存在的基本形式，空间是物质存在的广延性和并存的秩序，时间是物质运动过程的持续性和接续的秩序。空间和时间与物质不可分离，空间与时间也不可分离。若要对空间问题寻根问底，就有必要深入了解空间与时间、运动、物质，以及人之间的各种关系，并把这些关系统一在"空间概念"之中。

　　（1）实体与虚体。空间，就是容积，它是由实体与虚体空间相对存在着的。人们对空间的感受是借助实体而得到的。

　　（2）点、线、面。空间体是由点、线、面构成的。根据建筑的基本特征，可将其划分为实体空间、虚拟空间和动态空间三大类。

　　（3）围合与分隔。人们常用围合或分隔的方法取得自己所需要的空间。空间的封闭和开敞是相对的。各种不同形式的空间，可以使人产生不同的环境心理感受。

　　（4）长、宽、高。空间的长宽高、空间围合特点以及空间的使用形成诸多变化空间类型。阳光下的一面墙体，向阳和背阴两部分，给人以不同的感受。座椅布置方式不同，产生的空间效果也不同。

　　（5）空间限定方式的不同，构成的空间形态也有不同的特征。不同的限定形式（天覆、地载、围合），限定条件（形态、体势、数量和大小），限定程度（显露、通透、实在）表达了不同的意味。见表 3-1。

表 3-1 空间限定方式与形态特征表

二、商业空间形态特征

现代商业空间形态特征，具有综合性和多样性的特点，它随着风云变幻的社会潮流不断更新。见表3-2。

业态		功能	空间形态特征
零售业	专卖店	经营品种单一，但同类品牌的商品种类丰富、规格齐全。	空间形态呈现类型化特征。空间规模小而精，在立面、节点、陈列形态方面完整且成系列。
	百货店	集中化的销售，使顾客各得所需，衣、食、住、行经营全面。	空间规模小而精，围合紧密，布局紧凑。在立面、节点、陈列形态方面完整且成系列。
	超市	开架销售。顾客可直接到货柜前挑选商品，让商品与顾客距离接近。仓储与售货在同一空间。	场地与空间规模大，空间开敞，货架呈规则排列。空间共享，公共性强。
	购物中心	满足消费者多种需要，设有大型商场、酒店、饭店、影剧院、银行、停车场、娱乐、办公等。	多功能空间，设施齐全的场所。场地与空间规模大，空间开敞，类型综合、丰富。
酒店业	酒店	满足消费者多种需要，设有大酒店大堂空间、住宿空间、商务服务空间、健身娱乐中心等等。	多功能空间，设施齐全的场所。场地与空间规模大，空间开敞，共享与私密并存，类型综合、丰富。
	宾馆	经营单一，以住宿功能为主。	共享空间小，住宿空间完整。空间形态及格局类型化。
餐饮业	大型餐饮	经营单一，以餐饮功能为主。	场地与空间规模大，空间开敞，空间围合规则排列。空间共享，公共性强。
	小餐饮店	经营单一，以餐饮功能为主。	空间规模小而精，围合紧密，布局紧凑。在立面、节点形态方面完整且成系列。
	茶室	经营单一，以饮茶功能为主。	空间规模小而精，围合紧密，布局紧凑。在立面、节点形态方面完整且成系列。
美容美发服务业	美容养生店	经营丰富，以美容养生功能为主。	空间规模小而精，围合紧密，布局紧凑。在立面、节点形态方面完整且成系列。
	发屋	经营单一，以发屋功能为主。	空间规模小而精，围合紧密，布局紧凑。在立面、节点形态方面完整且成系列。
娱乐中心	歌厅舞厅	经营丰富，以娱乐功能为主。	多功能空间，设施齐全的场所。场地与空间规模大，空间开敞与封闭，共享与私密并存，类型综合、丰富。

表3-2 商业空间形态特征表

三、商业空间形态设计要求

（1）功能性要求。商业空间的创造方法，是由于人们对内部空间的要求趋向于多样化与灵活性，但不能脱离既定空间的功能需要。

（2）安全性要求。首先，要考虑设备安装设计的安全性；其次，空间设计中要避免可能对顾客造成伤害的系列问题；再次，设计时应避免引起顾客心理恐惧和不安全的因素。

（3）方便性要求。就近购物，方便快捷，省时省钱，这是消费者的最佳选择。因此，交通便利和人员集中的区域往往是商场业主"兴趣"的首要选择。商业空间内部交通线路设计的合理性也决定了购物环境的方便性。

（4）独特性要求。在同一个区域，经营同一种商品的商店，只有设计独特的商店标志和门面、富有创意的橱窗和广告与富于新意的购物环境，才会给消费者留下深刻的记忆。同时，正因为每个商店的独特性、新颖感和可识别性，才形成商业空间气氛和消费与购物环境。

第二节 商业空间结构设计

本节引言

　　建筑赋予空间以秩序，人类又通过空间形成秩序，而空间的基本形式是由中心和围合部分构成，其中，梁柱、地面、屋顶、墙壁为重要的组成部分。这就涉及结构的问题，因此，结构与秩序是室内空间中基本且至关重要的元素之一。在本节中，我们重点讨论空间结构原理。

一、并列结构

1. 并列结构

　　（1）根据结构主义的代数结构，可以把空间构成中各要素之间的关系首先确立为一种排列组合关系，根据群的特性，这种排列组合关系也即并列关系。

　　（2）两种或两种以上的空间单元不分先后主次，既可以是相同的空间单元，也可以是不同的空间单元，同时存在、同时进行，具有相容和不相容两方面的特点。

　　（3）是指具有相同功能性质和结构特征的空间单元以重复的方式并联在一起所形成的空间组合方式。这种组合方式简便、快捷，适用于功能相对单一的建筑空间。这类空间的形态基本上是近似的，互相之间没有明确的主从关系，根据不同的使用要求可以相互联通，也可以不联通。

　　（4）并列结构空间设计是一种表示平行、递进的关系空间。其空间在商业环境中所传递的信息在重要性上是差不多相等的，并可以将其一系列的排列起来，形成一个并列结构的网络商业空间。

2. 并列结构空间有连接、接触、串联、网格等

　　（1）连接。指两个互为分离的空间单元，可由第三个中介空间来连接。

　　（2）接触。指两个空间单元相遇并接触，但不重叠，接触后的空间之间的连续程度取决于接触处的性质。

　　（3）串联。指将一系列空间单元按照一定的方向排列相接，便构成一种串联式的空间系列。

　　（4）网格。指将各空间单元按照"网格"所限定的方式组织起来，形成空间整

体。网格结构是规律性很强的结构方式。（图 3-1 ~ 2）

3. 商业空间的并列结构设计

（1）运用并列结构组合法整理空间布局。以连接、接触、串联、网格等方式处理各类功能区域，以平行、递进的关系空间丰富商业空间层次和变化。

（2）对经营方式和柜面设计需根据不同需求进行相应的规划，营业厅的柜面布置（售货柜台、展示货架等的布置）。还有如酒店、旅馆客房都是通过一条贯穿始终的走道将各个房间相连，达到空间的贯穿性和方便性。而在一些公共场所，家具的陈设摆放方面也都遵循了并列原理等。

（3）并列结构设计案例。

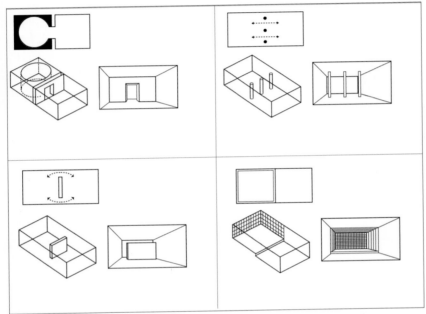

图 3-1 连接与接触：两个空间通过开门、柱隔、隔断、地台表现空间连接方式和紧密程度。

图 3-2 餐厅透视和平面案例：侧翼包间与包间并列，大餐厅与包间空间并列，餐桌并列。

图 3-3 并列组合空间中，在主要节点上安排独立包间，形成视觉中心和变化。

案例：《ABC Cooking Studio》料理工作坊，上海，设计师：Prism Design。（图 3-3 ~ 6）

二、次序结构

1. 次序结构

（1）根据结构主义的次序结构，可以把空间构成中各要素之间的关系再确立为一种次序关系，这种关系也即序列、等级关系。可通过两种或两种以上的空间单元之间的相互比较，来显现它们的差异性。

（2）如果说代数结构的排列组合关系因无先后、主次关系，形成并列式结构的空间体系，那么次序结构的次序排列关系则因有了先后、主次关系，而形成序列式、等级式结构的空间体系。

2. 次序结构有重叠、包容、序列式和等级式

（1）重叠。指两个空间单元的一部分区域重叠，将形成原有空间的一部分或新的空间形式。

（2）包容。指一大的空间单元完全包容另一小的空间单元。

（3）序列。指多个空间单元因先后关系的结构组织而形成。先后关系可以是各空间单元在时间上的顺序组织，也可以是各空间单元在流线上的位序组织。

（4）等级。指多个空间单元因主次关系的结构组织而形成。（图 3-7 ~ 8）

图 3-4 ~ 6 屋山墙形隔断形成区域划分和空间并列关系，穿插折叠节点变化丰富空间形态

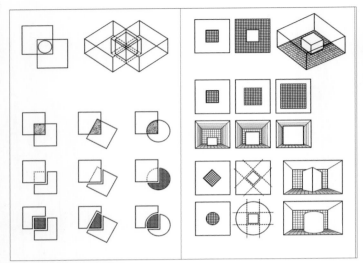

图3-7 重叠与包容：两个空间单元的一部分区域重叠，使彼此空间有机联系，形态生动。大的空间单元完全包容另一小的空间单元，适用于高大空间的屋中屋设计，室内场景丰富。

图3-8 采用序列式、等级式结构空间体系的展示设计。

3. 商业空间次序结构设计

（1）根据商业空间结构秩序的不同需求，其设计要求：创造舒适、愉悦的购物环境；适宜的风格和格调；室内设计总体上应突出商品，激发购物欲望（商品是"主角"，室内环境应是商品的"背景"）；顾客动线流畅等。

（2）以经营方式为主的次序结构梳理，如在购物中心，共享大厅是空间主角，也是交通流线的主发散地，由此连接的各个功能空间依次展开，形成序列式、等级式结构的空间体系。各个空间相互关联、套叠。

三、拓扑结构

1. 拓扑结构

（1）拓扑变化，可以归结为最基本的两种——即具有环柄的球面和具有交叉帽的球面。前者是双侧可定向的，后者是单侧不可定向的。当点、线、面按照拓扑结构进行组合时，就可以通过"拓扑网格法"来表现。

（2）拓扑结构不仅是一种组合空间要素的方式，而且还是一种分析空间结构的方法。

（3）根据拓扑学原理，由于图形受外力作用的不同而发生形状上的连续变化，虽然形状的变化很大，但原始图形和经过拓扑变换的图形在性质上保持不变，在结构上也是相同的，其图形可称为"拓扑同构"。

2. 基于动线生成与空间流动的拓扑结构设计

在商业空间中，从一个单元空间进入到另一个单元空间，消费者在逐步观赏的

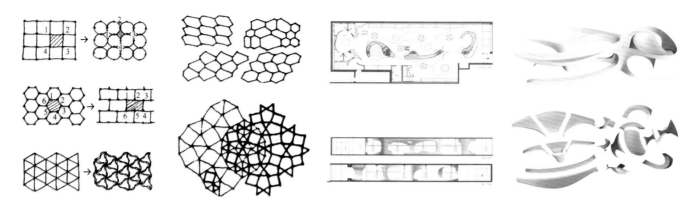

图3-9 拓扑网格：在形成不规则网格的过程中已经经历了规则式网格的渐变，这是一个由拓扑的低层次向拓扑的高层次层层积累的变换。

图3-10 纽约，卡洛斯·米拉（Carlos Miele）服饰旗舰店，拓扑平面、立面和家具结构设计。

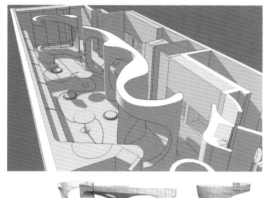

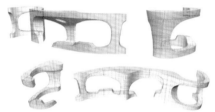

图3-11 卡洛斯·米拉（Carlos Miele）服饰旗舰店空间透视、家具结构模型。

图3-12 方形空间有较强的均质围合感，设计师巧妙地运用了拓扑原理，曲面展台展柜置于中心地带，会产生一种向心内聚力。

过程中，受到空间的变化与时间的延续两个方面同时影响，从而形成对客观事物的视觉感受和主观心理的力象感受。拓扑结构动线的主要机能就是将空间的连续排列和时间的发展顺序有机地结合起来，使空间与空间之间形成联系与渗透的关系，增加空间的层次性和流动性。通过拓扑结构动线串联更多的商品区域，保证消费者在穿行动线的过程中能浏览到更多的商品，从而最大程度上调动消费者的购买欲望。（图3-9～12）

第三节 商业空间组织设计

本节引言

　　各空间单元由于功能或形式等方面的要求，先后次序明确，相互串联形成一个空间序列，呈线性排列、组团序列、网格序列等等。在本节中，我们重点讨论线式与放射式组合、组团式与集中式组合以及网格式与重叠式组合设计。

一、线式组合

1. 线式组合。（图 3-13 ~ 14）

（1）将空间、体量、功能、性质相同或相近的空间按照线型的方式排列在一起的空间系列排列。

（2）线式组合既可以在内部相互沟通进行串联来达到各个空间的流通，也可以采用单独的线型空间（如走廊、走道）来进行两者之间的联系。

（3）采用连续式的空间单元，整体上具有统一感，极具引导式的线型以及连续式的方形组合展架，给人直观的印象和强烈的视觉导向性，都是线式组合设计的特点。

（4）线式组合具有方向性特点。

2. 线式组合的变化（图 3-15 ~ 16）

（1）综合了集中式与线式组合的要素。这类组合包含一个居于中心的主导空间，多个线式组合从这里呈放射状向外延伸。

（2）集中式组合是一个内向的图案，向内聚焦于中央空间，而放射式的组合则是外向型平面，向外伸展到其空间环境中。通过其线式的臂膀，放射式组合能向外伸展，并将自身与基地上的特定要素或地貌连在一起。

（3）放射形式的核心，可以是一个象征性的组合中心，也可以是一个功能性的组合中心。其中心的位置，可以表现在视觉上占主导地位的形式，或者与放射状的翼部结合变成它的附属部分。

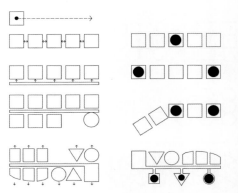

图 3-13 线由点生：单元体空间的串联、并列，形成线式组合，重要空间节点可以处于线的两端、中间、转弯处。

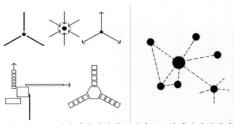

图 3-15 以一个或多个重点空间为中心，向多方向发散布局的放射性线式组合。

图 3-16 室内放射性线式组合与构成案例：贯穿平面和顶地中心部位的发散斜线，空间整体、流畅多变。

图 3-14 单元体空间的串联、并列的会展空间设计，利用轻质图形软膜方盒悬于洽谈空间上方，进行空间限定。

图3-17 在有限空间中，由几组并列卡座组成的单元餐桌，沿中心线式组合。

3. 商业空间线式组合设计

（1）商业空间线式组合设计是最常用的区域功能空间串接方式，要利用线式组合原理进行空间变化，增加局部变量控制，使空间连续形态更为丰富。

（2）商业空间放射式组合设计是非对称设计，要注意控制放射角度和空间形态完整性。

（3）线式结构与组合设计作业案例。

案例：《AJA Restaurant》香草主题餐厅设计，印度昌迪加尔，设计师：Arch.Lab。（图3-17 ~ 20）

图3-18 ~ 20 靠椅组合的一字形餐桌排列，空间纯净，极富有透视景深感。灰色混凝土凹凸墙面搭配暖色木质家具，黑色桌面点缀香草绿植，高低起伏如琴键般富韵律感。

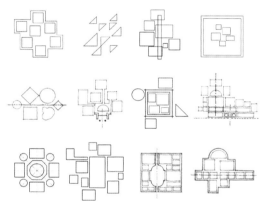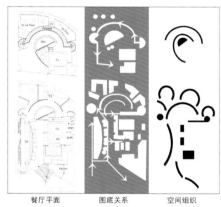

图3-21 组团式组合具有足够的灵活性，可以把各种形状、各种尺寸以及各种方向的形体结合在结构中

图3-22 对餐厅平面进行图底关系归纳和类型分析，可以抽象提取平面关系中的组团动线图形。

餐厅平面　　图底关系　　空间组织

二、 组团式组合

1. 组团式组合

（1）通过紧密的连接使各个空间之间相互联系，这种组合方式没有明显的主从关系，它可以灵活变化。可随时增加或减少空间的数量，具有自由度。紧密的连接使各个空间得以密切联系，并不是分散独立的，是灵活变化但又紧密联系在一起。

（2）由多种形态的单元空间或形状、大小等共同视觉特点的形态集合在一起构成。组团式组合，根据尺寸、形状或相似性等功能方面的要求去聚集它的形式。

（3）组团式可以像附属体一样依附于一个大的母体或空间，也可以只用相似性相互联系，使它们的体积表现出各自个性的统一实体，还可以彼此贯穿，合并成一个单独的、具有多种面貌的形式。（图3-21 ~ 22）

图3-23 "悬浮的路径"是设计亮点，将不同功能区组团联结，形成空间视觉中心和标志性室内景观。

2. 商业空间组团式组合设计

（1）商业空间组团设计，强调区域自治，区域抱团，空间形态生动。

（2）可以区分多个视觉中心，突出不同的产品展示，满足差异化区域活动，同时又是统一在大的母体空间中。组团式布局空间有机生动。要合理安排交通流线，可以通过地面材质变化和隔断，区分各个组团围合边界，避免空间混乱。

（3）组团式组合设计作业案例。

案例：《SISII》洽谈空间设计，日本兵库县，设计师：Yuko Nagayama & Associates。（图3-23 ~ 26）

三、集中式组合

1. 集中式组合

（1）极具稳定性的向心式构图，由一个占主导地位的中心空间和一定数量的次要空间构成。以中心空间为主，次要空间集中在其周围分布。

（2）中心空间一般是规则的、较稳定的形势，尺度上要足够大，这样才能将次要空间集中在其周围，统率次要空间，并在整体形态上处于主导地位。次要空间相对于主体空间的尺度较小。组合中的次要空间，它们的功能、形式、尺寸可以彼此相当，形成几何形式规整，形成两条或多条轴线对称的总体造型。

图3-24 ~ 26 注重文化氛围和室内景观的营造，空间小中见大，分区活泼，圆形、C形、半弧形系列组合，引入绿植和"山墙"生成趣味空间。

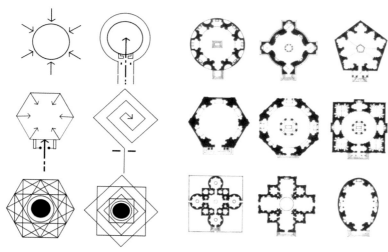

图 3-27 集中式组合在排列其形体时有一种强有力的几何基础，具有规则性和内聚性。

图 3-28 在矩形商店平面中心区域，以集中式组合包裹底层与二层，形成强烈的中心空间集团

（3）集中式组合方法，围绕中心扩散分布，能更好地将视觉以及观察者引入到建筑空间的主要干区。集中形式需要一个几何形体规整，居于中心位置的形式作为视觉主导，比如球体、圆锥体或圆柱体，占据某一限定区域的中心。（图 3-27 ~ 28）

2. 商业空间集中式组合设计

（1）适用于中轴对称布局的酒店大堂、宴会厅、展示空间等。

（2）商业空间集中式组合设计强调区域主次关系，区域共享空间与附属空间的有机联系。

EXERCISES

第三章 单元习题和作业

1. 理论思考

（1）按空间的内外关系，可以把空间分为哪几种类型？怎样区分它们？请举例简述。

（2）并列结构包括哪几种类型？请举例简述。

（3）什么叫空间线式组合？请举例简述。

（4）请举例简述商业空间结构设计所包含的内容。

2. 操作课题

（1）选择一个餐厅，绘制一个平面图，通过对室内营业区的空间布局默写，按照空间并列结构方法重新布局空间。

（2）选择一个餐厅，绘制一个平面图，通过对室内营业区的空间布局默写，按照空间组团式组合方法重新布局空间。

3. 相关知识链接

（1）请课后阅读《空间》空间概念、空间与形态章节。詹和平编著，中国人民大学出版社 2009.2

（2）请课后阅读《建筑：形式、空间和组合》基本要素、形式、形式与空间章节。程大锦著，天津大学出版社 2008.9

4. 案例欣赏

案例 1：《Zu+Elements》服饰店设计，意大利米兰，设计师：Giorgio Borruso
（图 3-29 ~ 32）

图 3-29 折叠操作是一种非常强烈的非线性变换，设计中利用折叠所产生的各种不规则的折面，既有变化又有视觉冲击力，通过对体、面进行高低、变距、转向及形变产生一种奇妙的空间。

图 3-30 ~ 32 从室内的大厅开始折叠、拉伸、剪切，构建室内表皮，摒弃多余装饰，塑造逻辑、连续折叠空间。

EXERCISES

案例 2：《EMODA》服饰店设计，日本名古屋，设计师：Noriyuki Otsuka / NORIYUKI OTSUKA DESIGN OFFICE（图 3–33 ～ 36）

图 3-33 深邃的背景中，聚光打在展台上，低密度摆放的服饰品格外耀眼

图 3-34 ～ 36 黑色调镜面材质，铮亮、剔透、闪着宝石般的光斑，展台结构相互叠印，凸显了精品空间的时尚与个性

Chapter

第四章 类型设计

课前准备

请每位同学准备 2 张 A4 白纸，规定时间 20 分钟，默写自己所熟悉的小商铺平面布局，并进行初步类型合并与归纳。20 分钟后，讲评同学们的平面形态，看谁的平面形态变化丰富，类型归纳合理。

要求与目标

要求：通过对本章的学习，使学生充分了解类型和类型学，及室内空间类型设计理论。

目标：培养学生的专业认知能力，从类型学理论的角度，观察与思考室内形态和空间类型特点。

本章要点

①类型概念阐释；②商业空间类型分析；③类型提取和类型设计。

本章引言

本章研究以建筑类型学理论为指导，解析室内类型要素和类型特征，研究类型转换、类推设计和应用途径，探析室内类型设计方法与形态生成法则。作为一种尝试性研究和对室内形态发展的类型学思考，希望对室内空间设计实践有一定的指导意义。

第一节 类型概念

本节引言
　　类型：种类、同类、分类、类别之意。是由各个特殊的事物或现象抽出来的共通点。类型是模糊的分类方式，没有固定的分界线。往往由成套惯例所形成。在本节中，我们重点讨论类型、建筑类型学概念以及基本理论、室内空间类型基本分析。

一、概念阐释

　　（1）类：类是一种类型的对象的表示形式。分类意识和行为是人类理智活动的根本特性，是认识事物的一种方式。

　　（2）类型：类型是模糊的分类方式，没有固定的分界线。类型：种类、同类、分类、类别之意。类型往往是由成套惯例所形成的。

　　（3）类型与形式：以建筑为例，一个建筑类型可导致多种建筑形式出现，但每一个建筑形式却只能被还原成一种建筑类型，类型是深层结构，而形式是表层结构。

　　（4）类型与风格：类型是在时间长河中使某事物保持延续性和复杂的多意性，保持其真正有价值的东西。而风格问题则退居类型之后，风格的标新是事物表象特征。

　　（5）类型与原型：荣格有关原型的概念，指人类世世代代普遍性心理经验的长期积累，"沉积"在每一个人的无意识深处。其内容是集体的。类型概念深受原型的影响，类型与原型类似，是形成各种事物最具典型现象的内在法则。

　　（6）类型学（Typology）：是对类型的研究，一种分组归类方法的体系研究。建筑类型学是在类型学的基础上探讨建筑形态的功能、内在构造机制、转换与生成的方式的理论。

二、室内类型的划分

　　室内类型的划分大多是以建筑功能类型作为标准进行室内类型分类和制定标准的。一般来讲，有什么样的建筑就会有什么样的室内空间，如：民居住宅类建筑的居住空间类型，行政与商业办公建筑的办公空间类型，商店、商场等商业空间类型，以及图书馆、博物馆、大会堂、歌剧院等公共文化空间类型，火车站、地铁站、机场大厅等公共交通空间类型，酒店餐厅建筑类型等。室内类型划分总的来讲是根据行业的不同

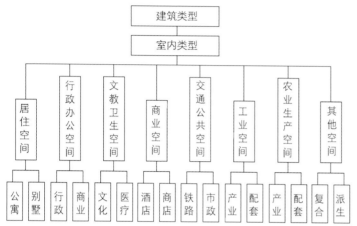

图 4-1 室内类型的划分。

和建筑类型而划分的，划分的依据是基于不同的行业的不同特点所需要的建筑及室内功能空间类型，有其合理的设计依据。（图 4-1）

三、室内类型基本特征

室内类型基本特征包括：功能性特征、时代性特征、风格性特征、地域性特征、交叉性综合特征等。（表 4-1）

序号	类型	关键词	室内类型基本特征	类型重点
1	功能性特征	功能类型	空间的使用功能对类型形成影响最大。室内空间是建筑功能类型的延续。功能性空间布局形成室内类型的原初形态和模式，通过考察原初形态和模式是认识室内类型特征的主要渠道。以餐饮建筑为例，其类型特征是由符合常规使用习惯的空间布局和空间规模所决定的。	功能性空间布局形成室内类型的原初形态和模式。
2	时代性特征	时代变化	建筑空间随着时代的变化而变化，尤其是当代建筑思潮对建筑形态变化的影响更多更大，建筑空间的改变速度更快。随着建筑空间的变化，室内形态亦随之改变，因此室内类型有着鲜明的时代性特征。	时代变化影响后的类型变化。
3	风格性特征	风格类型	室内类型与室内风格紧密关联。不同的设计风格影响室内类型和空间形态。相同的空间规模与场地，若以不同的风格要素施加影响和组合，可以呈现相异类型特征。风格性特征会在一定程度上改变室内原型，是室内类型的附加特征。	不同的设计风格影响室内类型和空间形态。
4	地域性特征	地域类型	地域通常是指一定的地域空间，是自然要素与人文因素作用形成的综合体。一般有区域性、人文性和系统性三个特征。不同的地域有不同的地理环境和文化景观。室内类型有着鲜明的地域特征和痕迹。	区域性、人文性和系统性影响室内类型。
5	交叉性特征	综合交叉	旧建筑被赋予了新的功能和用途，其变化的结果是新的室内类型生成，这是室内类型的交叉性特征之一，是被动的交叉。旧建筑原型、旧的室内设施和新的室内使用带给人们复合的交错空间体验和新奇感，丰富了空间的人文特色；而有意识地采用多功能空间集合、混搭设计，会令单一的室内类型多样多元化。	旧建筑更新被赋予了新的功能和用途，影响室内类型。

表 4-1 室内类型基本特征

第二节 商业空间类型分析

本节引言

以类型学为手段来研究室内空间形式问题，通过抽象简化、类推联想可以使我们从纷乱繁杂的形式影响中摆脱出来。在本节中，我们重点讨论传统的代表性室内空间类型——商铺的空间特征和基本分析。

一、商业形态

商业的集聚是商业的一种表现方式。从古到今，商业的集聚这种现象都普遍地存在着。商业的集聚可大致分为点、线、面三种形态。（表4-2）

商业形态	形态特点	关键词	空间特点
散点状形态	人们日常居住的居民区、交通干道沿线的便利店、服务店、城市郊区的零星小店等。	传统商铺 社区商铺 专卖店	小、中型，具有传承的行业功能特点。
单点状形态	单点状的商业航母，在人们日常居住的居民区、城市郊区零星布局。	大型超市 仓储商店	单体商业空间规模大、类型全。
条带状形态	表现为商业街或专营商业街，是一种沿街分布的形态，例如北京的王府井大街、南京的湖南路商业街等等。	商业街商铺 购物中心 大型商业中心	行业类型和分类较统一。空间类型丰富。
团块状形态	团块状的形态有我们熟知的义乌小商品城、北京的潘家园旧货市场、东部的商务中心区等。	综合与专业批发市场 购物中心商铺	行业类型统一，空间聚集。
混合状形态	混合状的商业集聚，是近年来出现的商业业态，在空间拥挤的办公区、地铁等地方布局。	写字楼商铺 地铁机场商铺	空间规模小。 类型交叉。

表4-2 商业的集聚和形态表

二、商铺

广义的商铺，是指经营者为顾客提供商品交易、服务、感受体验的场所，从百货、超市、专卖店到汽车销售店都是规模不等的商品交易场所。商铺由"市"演变而来，《说文》将"市"解释为"集中交易之场所"，也就是今日之商铺。聚集于渡口、驿站、通衢等交通要道处相对固定的货贩以及为来往客商提供食宿的客栈成为固定的商铺的原型。

商铺的固定带来了不同的商品行业种类——集镇或商业区，固定化的商业空间必然需要配备一定的商业设施，为来往的客人提供方便，促进交流，更好地配合商品交易。于是，相应的交通、住宿等其他休闲设施及货运、汇兑、通讯等服务性的行业也随着商业活动的需求而产生。随着商品经济及科技的发展，现代的商业活动空间无论在形式上、规模上，还是功能上、种类上都远远优于过去的形制。商业活动由分散到集中，由流动的形式变成特定的形式。不同的产品经销、产品风格对商铺空间形态有不同的要求，反映在室内平面、立面、家具、设施的变化上并形成类型特征。（图4-2 ~ 7）

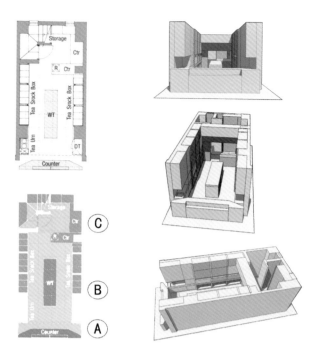

图 4-2 传统一字形小商铺空间平面和模型，前店后坊格局。

图 4-3 传统类型小商铺，有独立门面和招牌。

图 4-4 传统类型小商铺自产自销，有狭小的室内营业厅，大部分空间留给了后场作坊。

图 4-5 一字形小商铺，沿街门面狭小，只设置售卖柜台，集陈列、接待、结算空间于一体。

图 4-6 顾客不进入室内，小商铺室内仅为仓储兼有货物陈列的功能空间。

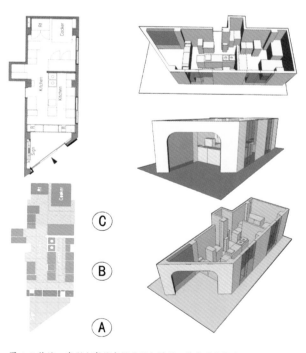

图 4-7 传统一字形小商铺空间平面和模型，前店后坊格局。

三、类型分析

我们这里讨论的商铺专指小型商店空间——传统商铺、社区商铺和专卖店。
（表4-3 ~ 4，图4-8 ~ 14）

业态		功能	空间类型特征
零售业	专卖店	经营品种单一，但同类品牌的商品种类丰富，规格齐全。	空间形态呈现类型化特征。空间规模小而精，在立面、节点、陈列形态方面完整且成系列。
	零售百货店	集中化的销售，使顾客各得所需，衣、食、住、行，经营全面。	空间规模小而精，围合紧密，布局紧凑。在立面、节点、陈列形态方面完整且成系列。
餐饮业	小餐饮店	经营单一，以餐饮功能为主。	空间围合紧密，布局紧凑。前后场分区。餐桌紧凑，有用于结账的小服务台。
	茶室	经营单一，以饮茶功能为主。	布局紧凑的酒水吧台与茶桌，相对私密，小空间围合，富于情调的空间装饰。
美容美发服务业	美容养生店	经营丰富，以美容养生功能为主。	空间规模小而精，围合紧密，布局紧凑。在立面、节点、形态方面完整且成系列。
	发屋	经营单一，以发屋功能为主。	多功能接待服务、洗染发、烫发，布局紧凑、分区明确，设施与装饰类型化。
房屋中介	房屋中介店	以房屋中介功能为主。	空间规模小，布局包括看板展示、接待洽谈、信息服务等统一模式。
文印服务	打字店	以文印服务功能为主。	空间规模小，围合紧密，布局紧凑。布局包括设备、打字操作、简单加工。

表 4-3 商铺空间类型

名称	空间类型分析	综合要点
类型化	1. 空间形态类型化：方形或长方形空间，一字形柜台，前店后坊格局等等。 2. 色彩类型化：不同的行业和空间，如酒店、餐饮、美发、服装店有着类型化的色彩特点。 3. 装修材质类型化：质朴粗犷的木材、木质感被用于餐饮小吃，粗粝石板原木被隐喻乡土风情店。 4. 装饰类型化：餐饮、服饰店，零售店都有各自对待外立面、室内顶地面装饰的基本做法。	空间、色彩类、材质、装饰类型化。
地域化	不同地区对待商业空间类型、使用、装饰处理有地域类型特点。	地域特色。
程式化	商业形态和模式影响程式化空间类型形成，这是商业空间传承特点之一。	传承特点。
系列化	系列化、配套全面、服务延伸是当今空间类型的新特点。	配套全面。
混搭化	地铁商铺、办公商铺、展厅化商铺等等出现，表明空间使用多样化，类型多样重叠，复合化。	类型混搭。

表 4-4 类型分析

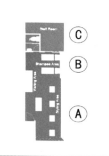

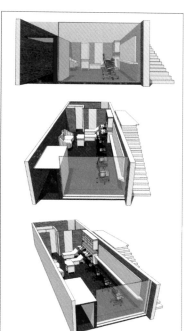

图 4-9 小发屋门廊空间透视。

图 4-10 发屋的剪发理发区和洗发区、休息区空间透视。

图 4-8 传统类型小发屋空间平面和模型：由狭小门廊、剪发理发区和洗发区、休息区构成。

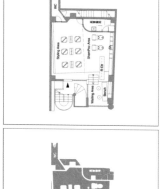

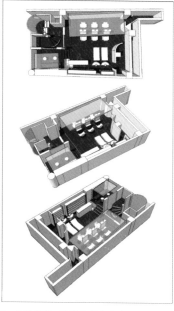

图 4-11 剪发理发区空间效果。"镜子"成为有限空间唯一的隔断、功能设施、装饰设施。

图 4-12 剪发理发区对称分割，整齐而富于韵律的空间效果。

图 4-13 传统类型小发屋空间平面和模型。开间变宽，区域分割更为明显。

图 4-14 小服饰店空间与类型分析：空间功能区域的私密性和公共性图解；室内空间图底关系图解；服饰店入口立面的模数关系图解。（设计：闫子卿，指导：卫东风）

■ 功能分析 图底抽象		
■ 空间模型 区块分析		
■ 立面模型 模数分析		
■ 空间体块 形态分析		

第三节 商业空间类型设计

本节引言

类型设计由一系列操作策略组成，包括类型提取、室内类型提取的实验和步骤、类推设计、类型转换、多类型并置、重叠和交叉设计等。在本节中，我们重点讨论类型提取、类推设计，以及多类型并置设计的设计方法。

一、类型提取

（1）类型提取是在设计过程中指导人们对设计中的各种形态、要素部件进行分层活动，对丰富多彩的现实形态进行简化、抽象和还原，从而得出某种最终产物。通过类型提取得到的这种最终产物不是那种人们可以用它来复制、重复生产的"模子"。相反，它是建构模型的内在原则。我们可以根据这种最终产物或内在结构进行多样变化、演绎，产生出多样而统一的现实作品。

（2）室内类型提取的实验和步骤：

1. 选择建筑位置、室内空间质量、大小规模、使用功能、室内平面布局、平面外框形状相似的一组同类室内设计项目的平面布置图。

2. 将平面图的区域、家具、空间结构和路径流线转化为面线关系的图底图形。

3. 完成对平面图纸的图底图形抽象化整理后，进入平面形态比对程序，即将这一

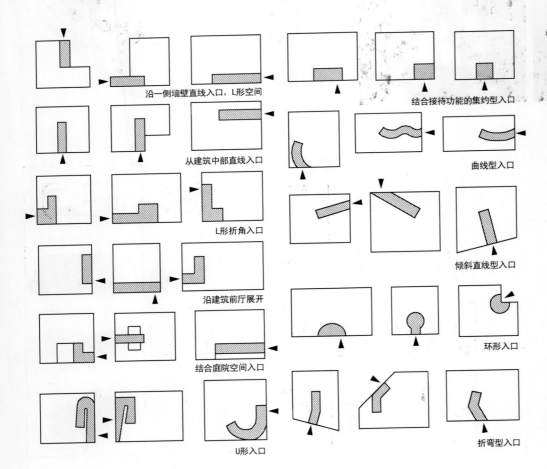

沿一侧墙壁直线入口，L形空间　　　结合接待功能的集约型入口

从建筑中部直线入口　　　曲线型入口

L形折角入口　　　倾斜直线型入口

沿建筑前厅展开

结合庭院空间入口　　　环形入口

U形入口　　　折弯型入口

图4-15 店铺入口形态图解：从对室内入口形态的类型提取到入口空间与建筑关系、与形态转换关系特征分析，研究入口空间尺度、方位与店铺运营的功能、美观、经济性等关系。

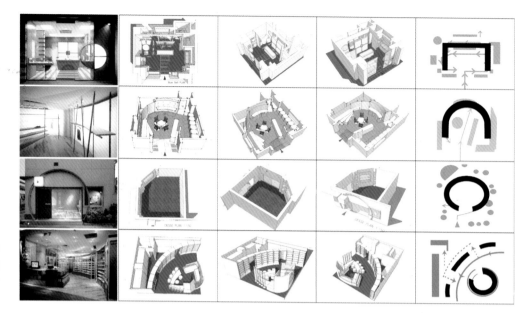

图 4-16 通过对店铺建筑平面、工程照片、建模图解的分析，提取传统小商铺 C 形布局的几种变化类型，是进一步类型设计和评价的基础。

组同类室内平面的图底图形进行分类比对，可以提取到类型组织模式，即室内类型的内在原则。需要说明的是，选择室内平面布置图作为室内类型提取，是因为室内功能布局的平面形态最能够反映真实的设计特点和设计意图，是实体形态的示意、空间形态的生成基础。黑白的图底图形，去除了具象、琐碎、表皮的细节，是抽象化的图形语言，能够最大程度反映室内类型的结构特点。（图 4-15 ~ 20）

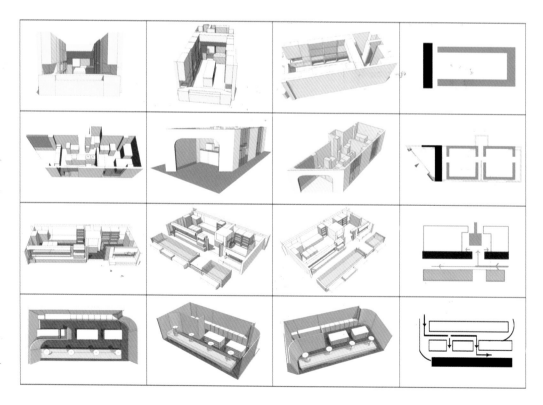

图 4-17 传统小商铺一字形前店后坊格局布局的几种变化类型提取。

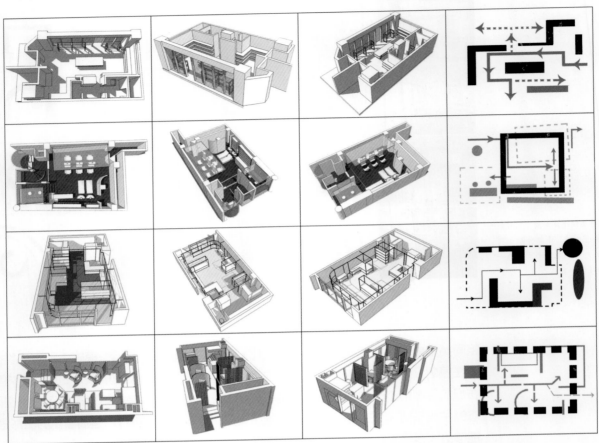

图4-18 传统小商铺口字形布局的几种变化类型提取。常见的口字形布局特点是满铺利用空间、沿室内墙壁布置家具设施。

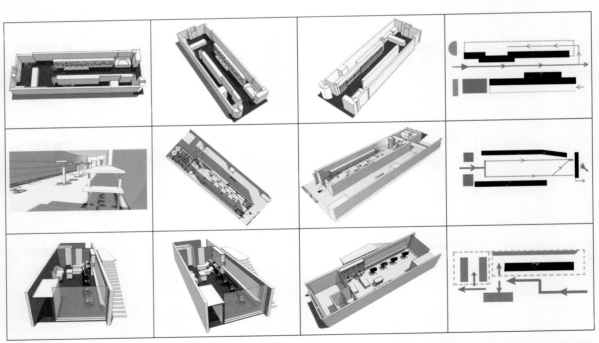

图4-19 传统小商铺H形布局的几种变化类型提取。H形布局为门面开间窄小、大进深的商铺空间，家具设施一般是设置在长长的"通道"两侧。

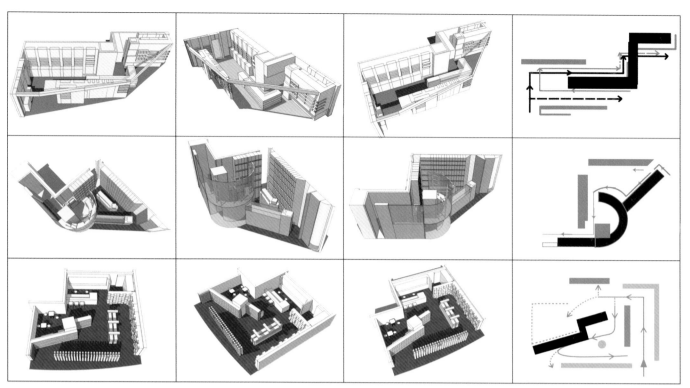

图 4-20 传统小商铺之字形布局的几种变化类型提取。有两种情况，其一，之字形布局多为跨角空间、边角小空间利用；其二，室内空间采用之字形布局，可以打破原有布局的平衡感，产生折叠变化。

二、类推设计

类推即类比推理，所谓类比是这样一种推理，即根据 A、B 两类对象在一系列性质或关系上的相似，又已知 A 类对象还有其他的性质，从而推出 B 类对象也具有同样的其他性质。类型设计是一种类推设计，是以相似性为前提的，是借用已知的或者发现的形式给予构造，去建构一个设计问题的起点。（表 4-5）

序号	类推设计	关键词	类推设计目的	操作重点
1	基本代码分类	提取图形	对室内类型基本代码信息分类总结，将其图解化为简单的几何图形并发现其"变体"，寻找出"固定"与"变化"的要素。	找出相对固定的要素
2	还原结构图式	图解原结构	从相似信息中找出相对固定的要素，从这些要素中还原结构图式，以类推得到的结构图式运用到新空间设计中，所生成的设计方案就与室内类型的历史、文化、环境、文脉有了联系。	还原结构，生成新结构
3	分离模型、组织结构	分离模型	从原型的平面形态、实体形态与空间形态系统中从分离出模型、组织结构、元素类型，提取形态中的深层结构、等级秩序的有效应用成分。	提取形态中的深层结构
4	图形式类推	图形类推	图形式类推凭借图形意向、符号、图案特质所呈现意图的结果为新的设计生成构架。	图形类推，生成新结构
5	准则式类推	范式类推	准则式类推凭借其自身系统即几何形式特性和某种类型学操作范式思想为新的设计生成构架。	范式类推，生成新结构

表 4-5 类推设计

通过对一组小规模的餐厅的类型图形提取，其室内原型特征可以描述为：其一，入口通道、主厅、长台等基于功能性的实体形态构成规律特征；其二，空间布局层次、区域和路径关系特点具有规律特征；其三，平面外框与平面形态的关系特征。用类推设计进行建构赋型时，往往是上述多种同时起作用的。类推设计的结果，可以得到同一类型在不同环境、不同作者手中还得到差别甚远的实体形象。（图4-21～22）

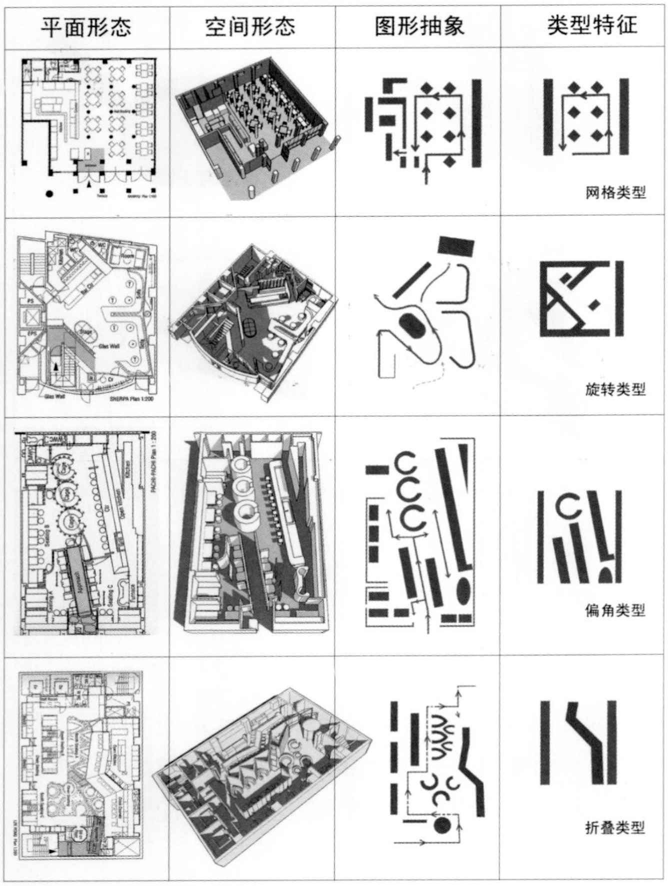

平面形态	空间形态	图形抽象	类型特征	平面形态	空间形态	图形抽象	类型特征
			网格类型				弧线组团
			旋转类型				角形适合
			偏角类型				动线类型
			折叠类型				围合呼应

图4-21 规则平面空间布局类型图解。

图4-22 非规则平面空间布局类型图解，多为沿建筑平面形态的适合性布置。

三、类型转换

类型转换即从"原型"抽取转换到具体的对象设计，是类型结合具体场景还原为形式的过程。运用抽取和选择的方法对已存在的类型进行重新确认、归类，导出新的形制。建筑师阿甘（G.C.Argan）对类型转换作了结构解释："如果，类型是减变过程的最终产品，其结果不能仅仅视为一个模式，而必须当作一个具有某种原理的内部结构。这种内部结构不仅包含所引出的全部形态表现，而且还包括从中导出的未来的形制。"类型转换方式包括结构模式转换、比例尺度变换、空间要素转化、实体要素变换。（表4-6）

序号	类型转换	影响设计	表现特征	关键词	图示
1	结构模式转换	●●●●●	通过对室内类型以往先例的平面形态的归纳与抽象，抽取结构模式。对规模相似的餐饮空间平面形态的罗列对比，找到结构模式特征，基于几何秩序的简洁、空间组织特点是对来自类型传统构成手法的模式表达，运用这些结构模式对新空间进行重组。	结构、模式、几何、组织	原结构 新结构
2	比例尺度变换	●●●●	从以往先例的形态中抽象出的比例类型所表达的意义是相似性比较与记忆的结果。通过比例尺度变换可以在新的设计中生成局部构建，还可以将抽象出的类型生成整体意象结构。重要的细节是类型化的符号，产生以小见大、以点带面的新效果、新形态。	类型化符号、比例、尺度	原尺度 新尺度
3	空间要素转换	●●●●	不同的要素可视为假定的操作前提或素材，引发不同的空间操作并生成转换新的结果。从以往先例的形态中抽象出体量、构件要素的分解，这些构件独立于空间中与其他构件发生关系时，原来处于不同体量内部的空间会相互流动起来，得到新的空间形态。	空间要素、构件、分解、重组	原构件 新构件
4	实体要素变换	●●	实体要素变换对类型转换设计发挥着重要作用。对待同一类型的室内家具、设施、构件等实体要素，要保留其影响类型特色的重要元素，在新空间中通过对原型要素撤换重组、摆放、错位使用、改变尺度和材质等都可以生成新的空间形态。	家具、设施、构件、重组	原实体 新重组

表 4-6 类型转换方式

四、类型并置

这是涉及类型的层叠结构，多类型并置、重叠和交叉设计。类型并置包括：一个建筑从新到旧其功能的初始功能的意义已经耗失，二次功能成为主导；在一个空间紧密相连的建筑室内中，多种功能并存，产生类型并置、重叠和交叉。

这种类型并置情况一部分是自然发生的情况，而更多的是基于类型学设计方法。将类型并置作为类型设计方法需要考虑多种类型相互间的关联，是有机的并置组合。（表 4-7）

序号	关键词	影响设计	并置关联特征
1	系统关联	●●●●●	在建筑空间使用规划中将类型并置作为系统规划重要关联选择和特色设计。
2	功能关联	●●●●●	将功用考虑放在首位，功能区域设置和流线组合的结果更有利于使用效果。
3	空间关联	●●●●●	建筑与室内空间应是流动性关联，功能空间、共享空间、交通空间关系的类型并置，私密性与公众性关系类型转换和并置关联等。
4	场地关联	●●●●●	场地的历史与文化关联，在类型选择中具有相似性历史文化背景，具有共享的地域文化特征，具有共同关注的主题道具和构件。
5	交叉关联	●●●	要考虑不同类型间的交叉性关联，场地虽设置了不同的功用，但处于一个较大且没有明确空间围合与限定的环境中，相互补充与交叉使用。
6	并置关联	●●●	需要审视不同类型的关联关系，并置搭配，主类型与辅助类型并置关联。
7	冲突关联	●●●	有差别有冲突的类型对比：公共交通空间穿越主题商业空间，室内与室外、地上与地下，古朴、幽静空间与喧闹串堂相连；地域文化背景的联系与对比，欧化局部要素与中式空间要素对比组合，传统特色空间与时尚空间对比。

表 4-7 多种类型相互间的关联

案例赏析：《纽约 Prada 旗舰店设计》OMA 设计事务所作品。在此设计中专卖店的商业功能被划分为一系列不同的空间类型和体验。专卖店？博物馆？街道？舞台？提供了可以进行多种活动的空间。普拉达旗舰店从街道中穿过、交通空间与商业空间交叉的类型并置，引入文化性、公共性：台阶上摆着普拉达鞋，顾客可在此挑选鞋子，坐下休息，台阶则可以变成座席——生成"鞋剧场"。（图 4-23 ~ 26）

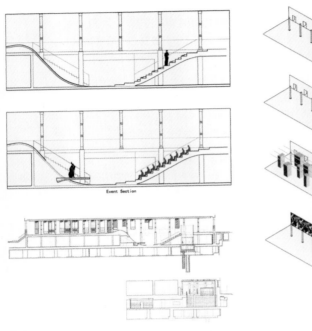

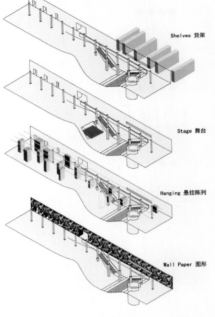

图 4-23 OMA 设计事务所作品：纽约 Prada 旗舰店设计空间模型图解。

图 4-24 纽约 Prada 旗舰店剖立面和立面图：重点设计"鞋剧场"的一个多功能展示与表演空间。

图 4-25 纽约 Prada 旗舰店主场景空间透视。

图 4-26 "鞋剧场"空间透视。

EXERCISES

第四章 单元习题和作业

1. 理论思考

（1）简述类型和类型学概念。 （2）简述商业的集聚和形态要点。

（3）请举例简述餐厅空间的主要类型特点。 （4）请举例简述发屋店空间的布局特点。

2. 操作课题

实训课题 1

课题名称	小商铺空间的类型图示练习
实训目的	学习室内空间类型图示表现方法，训练对空间类型的主要特征认识和快速把握能力。
操作要素	依据：教师选定的五个小商铺建筑平面图和空间照片，作为设计分析素材。
图解：SketchUp，白模。可以是手绘透视表现或Photoshop 绘制类型图示。	不同的要素可视为假定的操作前提或素材，引发不同的空间操作并生成转换新的结果。从以往先例的形态中抽象出体量、构件要素的分解，这些构件独立于空间中与其他构件发生关系时，原来处于不同体量内部的空间相互流动起来得到新的空间形态。
操作步骤	●步骤 1：依据建筑平面图、实景照片，完成 SketchUp 白模，不要材质贴图。 ●步骤 2：渲染导出 2D 图，空间鸟瞰、转换视角，形成系列图片。 ●步骤 3：Photoshop 绘制类型图示：对室内平面布局归纳抽象。 ●步骤 4：PS 简单修图排版，在 word 文件中插图并附 100 字说明，上交电子稿。
作业评价	● SketchUp 白模结构和画面是否完整。 ● Photoshop 绘制类型图示是否充分表现了类型结构特征。 ●制作是否精细。（参考图 4-27）

实训课题 2

课题名称	同一建筑平面图的不同类型布局设计
实训目的	通过对同一空间的不同用途布局设计训练，提高快速表现能力。
操作要素	依据：教师指定的小空间平面图，作为布局设计分析素材。 图解：CAD，Photoshop 绘制类型图示。可以是手绘透视表现。
操作步骤	●步骤 1：研究办公、餐厅、服饰店的空间使用功能和常用布局类型，绘制售楼处、餐厅、服饰店平面布局图。 ●步骤 2：Photoshop 绘制图底关系图示、公共空间图底、空间动线图示。 ●步骤 3：完成三个类型图示分析：公共与私密、前场与后场、空间疏密关系。 ●步骤 4：在 word 文件中附图和文字说明，排版，交电子稿。 ●拓展练习 1：对三个不同类型空间立面和设施要素归纳与分析。 ●拓展练习 2：选择有平面图的过程案例照片，通过建模，还原设计过程，分析空间类型设计特色。（参考图 4-28）
作业评价	●功能布局是否完整合理。●空间动线图示是否精炼。●制作是否精细。（参考图 4-28）

3. 相关知识链接

（1）请课后阅读汪丽君《建筑类型学》类型学的概念及建筑类型学：原型类型学、范型类型学、第三种类型学，类型设计与形态生成法则等章节。天津：天津大学出版社 2005.11。

（2）请课后阅读：沈克宁《建筑类型学与城市形态学》定义与历史：理论的建构，类型学与设计方法：实践的建构篇章。北京：中国建筑工业出版社 2010.9。

（3）请课后阅读：［德］赫曼·赫茨伯格《建筑学教程 1：设计原理》. 仲德崑 译，公共领域、领域主张、领域区分等章节。 天津：天津大学出版社，2008.4。

4. 作业欣赏

　　作业 1《小商铺空间的类型图示练习》，设计：武雪缘、俞菲等，指导：卫东风

　　作业点评：作业通过对相关建筑平面结合工程照片的建模、平面形态图解，学习室内空间类型图示表现方法。课题训练可以帮助学生透过环境表象，研究类型特征，快速把握整体布局图形，提高空间规划能力。（图 4-27）

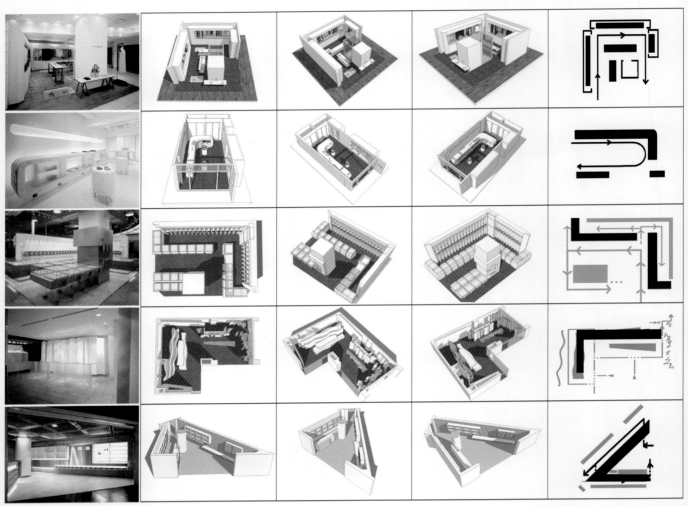

图 4-27 小商铺空间的类型图示练习。

EXERCISES

作业 2《同一建筑平面图的不同类型布局》，设计：杨雯婷、李丞，指导：卫东风
作业点评：对同一建筑平面图的不同类型布局设计，生成截然不同的售楼处、餐厅、
服饰店平面。以圆形、折线、偏角线为布局标识图形和类型特色，生动流畅，定位准确。
完成作业的过程也是学生对类型差异和类型设计的体验过程。（图 4-28）

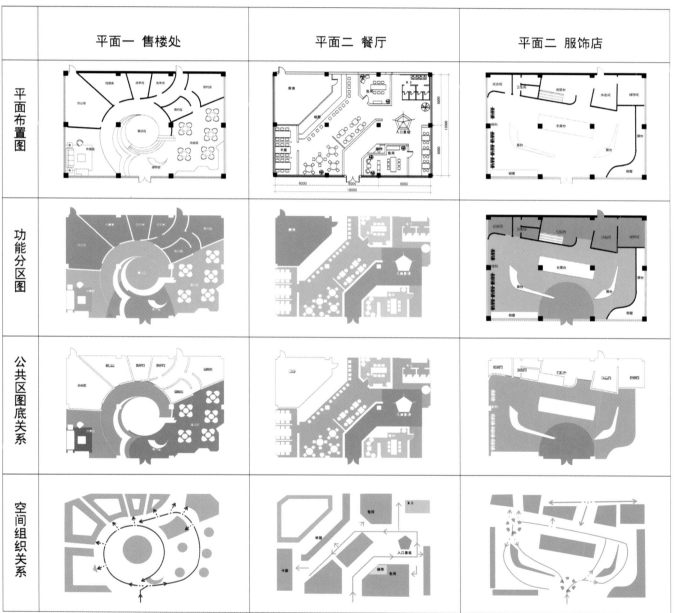

图 4-28 同一建筑平面图的不同类型布局。

Chapter

第五章 风格与设计

课前准备

请每位同学准备 2 张 A4 白纸，规定时间 10 分钟，默写自己所熟悉的 2 种不同风格的服饰店展柜立面，并对所勾画的示意图给予命名。10 分钟后，检查同学们的作业，并给出点评。

要求与目标

要求：了解空间风格的概念知识，类型化、产品化的商业空间风格与流派，风格设计要素和手法。

目标：培养学生的专业操作能力，运用空间风格的相关知识，学会观察商业空间环境，学会运用风格设计的建构方法实现空间创意。

本章要点

①商业空间的风格特征； ②风格与流派； ③商业空间风格与设计。

本章引言

环境为了适应人的需求，出现了很多与之关联的主题与风格。在本章中，我们重点讨论商业空间的风格特征及风格与流派，商业空间风格与设计手法。

第一节 商业空间风格特征

本节引言

　　空间风格具有集结的概念，它体现了试图把整体布局、空间营造及美学效果的所有因素集结到一个概念之中的尝试。在本节中，我们重点讨论商业类型、地域传统以及时尚风潮对空间风格产生的影响和特点。

一、商业类型与空间风格

1. 空间风格

　　（1）空间风格一词原是在建筑学中单纯表示建筑物、场所空间或者建筑设计的一种格调。在概念上表述了以立体的维度通过环境的形态表达出的一种式样。

　　（2）空间风格特指某种空间造型形式所表现出的形式特征。从历史的属性来看，可以有哥特风格、罗马风格等；从社会的风格属性来看，可以有现代风格、古典风格等；从形态的属性来看，可以有抽象的风格、具象的风格等。

图 5-1 传统商业门店立面风格特征、室内空间风格特征都具有强烈的传承意味。

2. 商业类型与空间风格

　　（1）商业空间风格的形成明显受其商业业态和特点的制约。其中包括传统商业业态所形成的空间风格，创新商业业态所形成的空间风格。

　　（2）传统商业业态经过长期经营积累，对空间类型与规模都有相对具体的模型，如门店立面风格特征、室内空间风格特征都具有强烈的传承意味。从门头店招和字牌，门厅营业柜台布局以及朝向、尺度、展示、装饰等等都传承了行业风格，从零售店、餐厅、药店、发屋等等可以看出商业类型特征决定了其空间风格的形成。（图 5-1 ~ 4）

图 5-2 具有古典建筑和室内要素的商业空间设计：表现奢华、经典、永恒的风格特征。

图 5-3 舒展大气的商业门店入口空间设计，朝向、尺度、展示、装饰等等都传承了行业风格。

图 5-4 典雅的米色石材、墨绿色挂落设施、柔和的暖色调衬托出商品的奢华质感。

（3）创新商业业态促使商业营业空间在功能、布局、设施、展示手法等多方面的改变，形成现代空间风格。如新产品专卖店、旗舰店、主题店、体验店等等，对营业空间有着与传统商铺完全不同的理解和使用。

二、地域传统与空间风格

在一定的民族区域中，民族特定的社会生活、文化传统、心理素质、精神状态、风土人情、审美要求都会反映到创作中来。这种地域性因素的影响有时会在不由自主的情况下渗透于商业环境空间的模型和传承之中。

1. 许多商业空间不仅体现出对地域的社会生活、风景画、风俗画的描绘和体现着地域性格的艺术形象的塑造，而且更注重对地域语言、地域体裁、地域传统的结构方法、艺术手法的运用。

2. 民族历史长期积淀，保留下来的是多样多元的有符号意味的原型空间形式。这些原型空间中具有浓郁的地域文化气息，能够对新的使用产生归属感。

3. 需要采用类型学的一些基本方法。如"分类"，总结已有的类型，将其图示化为简单的几何图形并发现其"变体"，寻找出"固定"与"变化"的要素，或者说从变化的要素中找寻出固定的要素。据此固定的要素即成为简化还原后的空间结构和风格图式，设计出来的方案就与历史、文化、环境和文脉有了联系。

图 5-5 露天就餐区的餐桌内置发光是设计亮点。墨西哥餐厅通过与基地环境融合协调的建筑布局，使场所的自然性显现的建筑构成，提供了良好的观景空间，与自然共生发展。

案例作品：《EL CALIENTE-MODERN MEXICANO》墨西哥餐厅，日本东京，设计师：Takeshi Sano/SWeeT（图5-5 ～ 8）

三、时尚风潮与空间风格

1. 时尚的概念

（1）在特定时段内率先由少数人实验，而后来为社会大众所崇尚和仿效的生活样式。

（2）时尚就是短时间里一些人所崇尚的生活。这种时尚涉及生活的各个方面，如衣着打扮、饮食、行为、居住，甚至情感表达与思考方式等。

（3）追求时尚是一门"艺术"。时尚带给人的是一种愉悦的心情和优雅、纯粹与不凡的感受，赋予人们不同的气质和神韵，能体现不凡的生活品味，精致、展露个性。

图 5-6 ～ 8 形式上采取当代设计手法与墨西哥传统建筑形式相结合，注重材料原本的质感、肌理与细节，力求体现对当地自然和人文环境的尊重。

2. 时尚风潮与空间风格

（1）人类对时尚的追求，促进了人类生活更加美好，无论是精神的或是物质的。越来越多的人对时尚的追求要求甚高，也促进了时尚风潮的形成。时尚风潮推动新商业空间风格涌现。

（2）新业态和新商业模式要求空间风格新颖别致，紧随时尚风潮，领衔于市场，表现出"实验性"特征。实验性的概念中包含了前卫性、未来性、概念性的特点。在层出不穷的新产品概念店、体验店、形象店、专卖店空间设计风格中，表现出时尚风潮的实验性特征的空间设计大批涌现。通过建筑设计、场地功能、路径流线、空间建构、场景营造、色彩与材质处理、照明设计、艺术品植入等不同的处理方式，给人以强烈的视觉冲击力和特异新奇的空间体验。

案例作品《INTERCONTINENTAL OSAKA》酒店设计，日本大阪，设计师：NTT FACILITIES（图 5-9 ~ 12）

图 5-9 作品将方格作为餐厅的主要元素，地面白色石材嵌色随意欢快，力图诠释时尚的概念。

图 5-10 ~ 12 过厅和餐厅空间紧随时尚风潮，亮黄色调、橘色高调、白色高调，配以柔和的漫射灯光环境，突出了餐饮体验特点。

第二节 商业空间主题与风格

本节引言

空间风格是与空间主题直接关联的。设计师为了设计出某种风格往往通过主题的演绎来引导与实现空间风格。在本节中，我们重点讨论商业空间传统化、产品化和多元化的主题与风格。

一、传统化的主题与风格

主题与风格设计的形成与演绎，首先涉及传统类型的空间主题与风格设计所形成的背景与相关因素，主题与风格设计和环境（场地）的关联。这些相关的因素是制约风格与主题产生的外部条件。

1. 从传统商业业态、商铺空间类型的结构层面对空间风格与主题的引导作用来看，有如下的特征

（1）空间语意要素：传统的历史、文化、民俗、民风等所传达的语意，是空间设计的深层要素。

（2）空间形态特征要素：形式、功能、结构、材料等所传达的表意，是空间设计的表层要素。

2. 传统化的主题与风格设计要点

（1）在设计中往往从环境空间的结构、形式、色彩、材料、营造技术以及环境形态等的表皮上强调历史文脉（如通过环境空间的结构关系，技术构件的功能而引申出主题意义）。

（2）注重传统的设计风格，并能有效地将其与当地的文脉和社会环境结合起来，通过良好的设计建立历史延续性，表达民族性、地方性，体现文化渊源。

二、产品化的主题与风格

商业空间的卖场是让产品实现商品价值的最终环节，无论是哪一种商业空间的形态，它的本质都是围绕着企业个体或单个产品而出现的。（图 5-13 ~ 16）

1. 产品化的主题与风格设计的形成特点

（1）涉及主题与风格设计和产品（品牌）在空间构成要素的关联。

（2）对产品成为主题要素与产品化的空间演绎分析，形成空间主题与风格。

2. 以产品为中心的主题与风格设计

（1）要充分体现其品牌设计理念，从整体的 logo 设计到店内的模特、人台的手势等，体现其产品与展示的整体风格。

（2）以产品风格控制的卖场环境规划、卖场气氛营造，刺激消费者的购买欲望，最终促成消费者购买，实现整体销售的迅速提升。

（3）在审美的基础上注重细节性的操作，如产品摆放联系搭配（货区展示设计产品以系列形式展现）、产品结构设置的实用与有效（体现产品展示效果气氛）、展示产品独特风格，渲染品牌的感染力。

图 5-13 以陶瓷产品作为主题要素与产品化的空间演绎分析，形成空间主题与风格。

图 5-14 以陶瓷产品风格控制的卖场环境规划、卖场气氛营造，刺激消费者的购买欲望。

图 5-15 以极度张扬的黑色折叠构建表现服饰品的前卫风格。

图 5-16 腾挪翻转的空间设计，将地顶和立面紧密联系为一体。

三、多元化的主题与风格

空间主题与风格设计新的表现是多元化的取向。由于在思想观念、文化观念、消费观念发生了巨大的变化，因而，人们把设计的多元化与个性化新的美学追求，形成了社会生活的一种文化和哲学观念的转变。

1. 多元化的取向所产生的风格与主题，在于它打破了现代主义设计的美学观念与逻辑，体现出复杂的美学类型。

2. 多元化的主题与风格设计。

（1）主题与风格多元化与业态的发展、价值观变化相关联。新的商业模式、策划、营销手段促使空间设计观念与风格多元化。

（2）多元化风格设计以多空间类型并置、重叠和交叉的商业空间新格局，表现出既丰富复杂又系统关联的空间形态。

（3）注重空间设计中的人情化、地方性以及个性与象征的倾向，显示出人们对当代社会、世界以及人自身的关心。

第三节 商业空间风格与设计

本节引言

主题与风格设计的创作手法是空间设计的重要手段。在本节中，我们重点讨论基于营销策略、张扬产品特性、提升环境文化品质的商业空间风格与设计手法。

一、基于张扬产品特性的风格与设计

张扬产品特性和差异性是营销策略中的重要内容。营销策略中，通过专卖体系等特殊销售模式打造和直营体系的建设，为品牌建设和品牌提升服务。品牌与风格设计方法有：

1. 隐喻法：要求空间主题与风格隐喻产品品质和美学，应对产品的典雅、高贵、现代、时尚、前卫品格和科技性等等。

2. 个性法：尽一切努力搜集提炼专卖产品的功能、形态、使用的科技性、独特性、差异性。在空间视觉中心设计、重要部位、展示中彰显个性。如给热卖产品好位置、大面积，放大产品模型。

3. 名人法：以产品的出身、历史、使用者、名人为宣传线索，讲故事，营造空间情节，拉高产品与空间"身价"。

4. 熟悉法：此营销的目的是让顾客不买的时候会记得你，要买的时候想起你。一句话就是："建立起客户对你的产品认识。"让顾客熟悉你，这就是为什么这么多的广告在拼命地播、拼命地砸钱。这是一种建立客户认识的过程，让产品变得好卖的一个过程。

5. 重复法：空间设计中，营销 logo、图形、模型、招贴、标志色彩鲜明醒目，且在不同立面、顶平面、地面、家具、视频中重复出现，强化印象。

6. 突兀法：让顾客记住的风格，采用风格前卫的空间设计、局部突兀的构建、富有情调的场景氛围，以及特殊色彩系统、图形标志系统等等。

二、基于提升品质文化的风格与设计

在市场竞争中，品质是质量、信誉、责任和文化的集合，品质是始终如一的一种追求，卓越的品质，常常使产品的使用获得超值和满足的体验 继而将这种体验传递给周围的人一起分享，形成良好的口碑传播，对产品的销售和品牌形象的提升起着直接的推动作用。基于提升品质文化的风格设计方法有：

1. 情节编排法：对待空间和产品的结合、空间流线采用情节编排法，对功能空间、交通空间、共享空间、营业空间、辅助空间等系统编排，起承转合，如戏剧情节处理，使顾客在消费中不知不觉被空间引导。

2. 情景塑造法：以产品为中心，通过隐喻产品品质的风光、小环境、环境模型塑造独特氛围和情景，顾客在温馨、异域、科技和未来感的销售环境中被感染。

3. 赏心体验法：把神圣婚约的信仰、对恒久爱情的阐释、唯美浪漫的家居、护佑真爱的词语、赏心悦目的花卉等融入空间，带给顾客赏心体验。

三、商业空间主流风格与设计

1. 古典风格

泛指模仿欧洲古典样式和风格流派，基本包括古罗马式风格、哥特式风格、文艺复兴风格、巴洛克风格、洛可可风格、古典主义风格等等。古典风格室内装饰造型严谨，天花、墙面与绘画、雕塑等相结合。装饰品的配置也十分讲究，常常采用烛形水晶玻璃组合吊灯及壁灯、壁饰等。

古典风格适用于婚纱店、晚礼服店、奢侈型酒店、陶瓷产品店等。

2. 现代主义风格

有着简洁、明快的清新风格。一切皆以实用为装饰出发点，注意发挥结构本身的形式美、造型简洁，反对多余装饰，崇尚合理的构成工艺。尊重材料的性能，研究材料自身的质地和色彩的配置效果，发展了非传统的以功能布局为依据的不对称的构图手法。（图 5-17 ~ 20）

现代主义风格适用于办公家具店、药店、快餐店、男装店、家电店等。

3. 高技派风格

以表现高科技成就与美学精神为依托，主张注重技术展示现代科技之美，建立与高科技相应的设计美学观。其设计特点是突出当代工业技术成就，并在建筑形体和室内环境设计中加以炫耀，崇尚"机械美"，强调工艺技术与时代感。

高技派风格适用于家电产品、陶瓷产品、运动服饰店等。

4. 解构主义风格

设计充分表现作品的局部特征，作品的真正完整性应寓于各部件的独立显现之中。其建筑在整体外观、立面墙壁、室内设计等方面，都追求各局部部件和立体空间的明显分离的效果及其独立特征。空间形式多表现出不规则几何形状的拼合，或者造成视觉上的复杂、丰富感，或者仅仅造成凌乱感。

解构主义风格适用于个性餐厅、酒吧、快餐店、快捷酒店等。

5. 中式风格

主要指吸取我国传统木构架建筑室内的藻井天棚、斗拱、挂落、雀替等装饰构件以结构与装饰的双重作用成为室内艺术形象的一部分。室内设计以木质装修和油漆彩画为主要特征，体现华丽、祥和、宁静的独特风格。通常具有明、清家具造型和款式特征。

中式风格适用于餐厅、酒店、民族风情服饰店等。

案例作品《NINO Restaurant》餐厅
设计，科威特阿拉贝拉，设计师：Arch
Js（图5-17～20）

图5-17 餐厅空间极具个性和前卫、最受年轻人青睐。门厅空间地面与顶部形态呼应，直线与曲线刚柔
相济，造型简洁。

图5-18～20简约、连体结构的顶部、细密的深色金属网格背景，疏密有致。由浅黄、黑、灰、白色彩搭配，点线面体组合构成经典的现代主义空间风格。

EXERCISES

第五章 单元习题和作业

1. 理论思考

（1）什么叫空间风格？

（2）什么叫终端包装策略？

（3）请举例简述产品特性与空间风格及设计关系。

（4）请举例简述空间设计与品质文化的提升的要点。

2. 操作课题

（1）选择一个服饰一条街，对门面和营业空间多角度拍照。通过对所拍摄资料的归类和分析，总结服饰店空间风格与品牌关系特点。

（2）对一个服饰店的空间风格进行较深入的解析，从设施、材质、装饰细节进行分类和总结。

3. 相关知识链接

（1）请课后阅读《空间》空间历史：古典主义与洛可可建筑空间、复古思潮与探求性建筑空间、精神空间等章节。詹和平编著，东南大学出版社 2011.12

（2）请课后阅读《室内设计概论》室内设计基本要素章节。崔冬晖主编，北京大学出版社 2007.12

EXERCISES

4. 案例欣赏

案例 1：《Zen Sushi Restaurant》日本寿司店设计，意大利罗马，设计师：Carlo Berarducci Architecture（图 5-21 ~ 24）

案例 2：《Superbude 2》快捷酒店设计，德国汉堡，设计师：Dreimeta（图 5-25 ~ 28）

图 5-21 ~ 24 作品运用了古代大漆红黑色调和传统木格栅图案，具有浓烈的东方元素。空间敞亮、剔透。光影、光斑的形态增加了空间表现的丰富度和美感。流线型空间布局、空间细部结构，实与虚、完整与残缺使空间更加灵动。黑色背景衬托红色和橘色主色调，温馨甜美，食欲感强烈。

图 5-25 ~ 28 以现代年轻人的感官因素作为设计切入点，进行探索性创作。旨在将现代休闲方式与传统多功能馆进行有机的结合与拓展创新。从墙面的装饰图形变化到对简单生活用具元素的设计转换，展现青年人的年轻与活力。

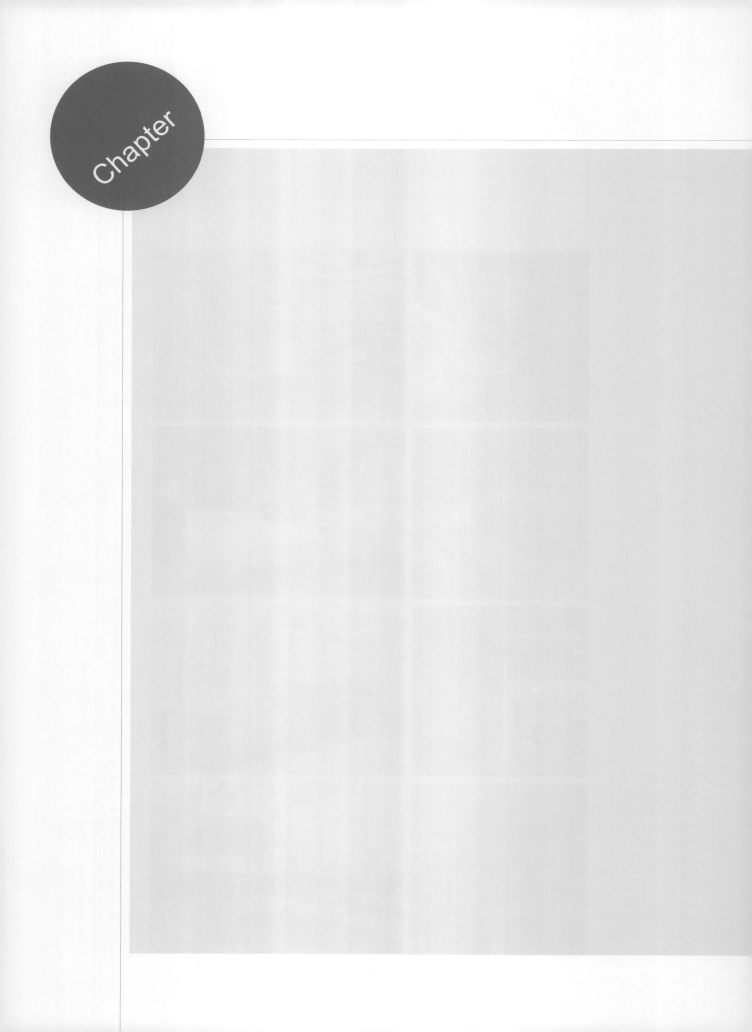

Chapter

第六章 照明设计

课前准备

请每位同学准备 2 张 A4 白纸，规定时间 10 分钟，默写罗列自己所熟悉的不同的照明设计方法，并进行分类。10 分钟后，检查同学们的作业，并给出点评。

要求与目标

要求：了解照明设计概念知识，了解商业空间类型与光环境塑造手法，了解商业空间照明设计应用。

目标：培养学生的专业操作能力，运用照明设计相关知识，学会处理不同的商业空间类型的照明问题，培养光环境塑造能力。

本章要点

①照明设计概念及特征； ②光环境塑造； ③了解照明设计的要点。

本章引言

在商业空间设计中，照明设计的目的是为了更好地展现商品、吸引顾客、扩大销售，兼顾功能性与艺术性，是现代商业生存和发展的重要竞争手段之一。在本章中，我们重点讨论商业空间照明设计特征，照明应用中的若干技巧。

第一节 照明设计基本原则

本节引言

　　照明设计必须与空间布局、商品构成、陈列方式相匹配，同时也要与风格表现、气氛烘托相融合。在本节中，我们重点讨论照明设计概念及特征、功能作用、基本原则。

一、照明设计概念

　　照明的首要目的是创造良好的可见度和舒适愉快的环境。

　　照明设计也称灯光设计，其主要任务是实施人工光源的人工照明，同时合理利用天然采光的整体光环境设计。照明设计有数量化和质量化设计之分：

　　1. 数量化设计是基础，就是根据场所的功能和活动要求确定照明等级和照明标准（照度、眩光限制级别、色温和显色性），来进行数据化处理计算。

　　2. 质量化设计，就是以人的感受为依据，考虑人的视觉和使用的人群、用途、建筑的风格、尽量多收集周边环境（所处的环境、重要程度、时间段）等因素，做出合理的决定。

二、照明设计功能作用

　　"照明"就是给环境送"光"。营造空间环境气氛和给予空间中的"人"重要信息的关键是"照明"，必须认识和发挥"光"的特质，"光"具有显现或改变空间形象的本领，具有烘托气氛、传递情感的魅力。商业空间的照明设计功能可概括为：

　　1. 满足空间使用需求；

　　2. 吸引购物者的注意力；

　　3. 创造合适的环境氛围，完善和强化商店的品牌形象；

　　4. 调动顾客情绪，刺激消费；

　　5. 以最吸引人的光色使商品的陈列、质感生动鲜明。

三、照明设计基本原则

　　1. 功能性原则。照明设计需全面考虑光源、光质、投光方向和角度选择，使室内活动的功能、使用性质、空间造型、色彩陈设等与之相协调，以确保良好的照明质量，满足工作、学习和生活的需要。

2. 美观性原则。即从艺术的角度来研究照明设计，增强室内照明的感染力，形成一定的环境氛围，丰富空间的层次和深度。具体可通过以下三种方式：一是利用灯具造型的装饰性，二是通过人工光的强弱、明暗、隐现等有节奏的控制，三是利用各种光色的艺术渲染力。

3. 安全性原则。线路、开关、灯具的设置都需要有可靠的安全措施。

4. 经济性原则。表现在两个方面：一是采用先进技术，充分发挥照明设施的实际效果；二是在确定照明设计时要符合我国当前在电力供应、设备和材料方面的生产水平。（图6-1 ～ 4）

图 6-1 照明设计也称灯光设计，其主要任务是实施人工光源的人工照明。

图 6-2 环境漫射光，结合地面材质和图案变化，形成如光斑似的空间效果。

图 6-3 人工照明与自然光交错结合的室内光环境设计。

图 6-4 结合镜映材质的点、线做光斑效果设计，空灵而富于变化。刘谯摄影。

第二节 商业空间光环境塑造

本节引言

光线赋予空间以灵魂，如果没有光，空间也就失去了存在的价值。光在展示空间的同时还参与了空间的创造和再组织，对空间进行二次创造和再组织。在本节中，我们重点讨论光与影、光源与环境气氛、光环境塑造。

一、光与影

1. 光、光域。空间中的光线可以看作是由"光域"组成的，光域是光线变量：强度、方向、分布和颜色的空间组团。强度、方向、分布和颜色等光线变量对于赋予空间和形式的光线很重要。光域由周围的"黑暗"创造和包围。光可以把空间分为明亮区和灰暗区，还可以塑造明暗相间的复合空间。

2. 影。影产生于光，最迷人的影是在阳光下产生的。人造光，也就是灯光、烛光等也产生影。影的长短、虚实，衬托物体并增加了环境动态性和变化性。光环境的设计不仅是"光"的设计，更要留心"影"的设计。

3. 光与影。光与影是塑造形状和空间的不可分离的要素，两者互相补充，在影中可用光来调节，在光中也可用影来完善。设计师可以利用不同的光源照射角度，即顶光、底光、顺光、侧光、逆光等，控制影的虚实与形态，巧妙地应用光环境造型，制造出雕塑般的艺术效果。（图 6-5 ~ 8 ）

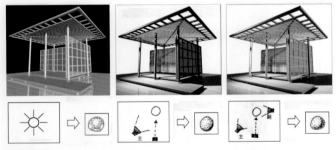 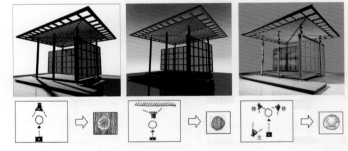

图 6-5 照明方式（从左至右）：日光漫射，单灯打光，双灯双方向打光。　　图 6-6 照明方式（从左至右）：逆光，背景光，多灯多方向打光。

图 6-7 光与影两者互相补充，在影中可用光来调节，光中也可用影来完善。　　图 6-8 影产生于光，最迷人的影是在阳光下产生的。

二、光源与环境气氛

光源对环境氛围的塑造，通过色温、照度、方向来实现：

1. 色温。光源的光色对空间气氛的创造起着决定性的作用，而其又与光源的色温相关。色温低的光源如红光、黄光等，会使空间有一种稳定、温暖的感觉；随着色温升高，逐渐呈现出白色乃至蓝色，使空间气氛变得爽快、清凉。

2. 色温与照度。当基本照明的照度较低时，采用色温高的光源会使空间产生一种阴冷的感觉；而当照度较高，色温偏低时，则又会造成一种闷热的气氛。所以应根据空间环境的总体设计要求，选择适当的照度和色温，还可采用不同光色的光源组合手法创造最佳的光环境，并通过光色的对比，巧妙布置"照度的层次"和"光色的层次"。

3. 光源投射方向与遮光处理。光源通过不同方向的投射与遮光装置，界定和划分空间，调整空间的体量感，甚至创造出心理的虚空间，使空间的变化更丰富、灵活。

三、商业空间光环境塑造

1. 利用光影创造空间深度与层次感，是一种既经济又容易营造空间氛围的好方法。室内空间的开敞性与光的亮度成正比，亮的房间感觉要大一点，暗的房间感觉要小一点，充满房间的无形的漫射光，也使空间有无限的感觉，而直接光能加强物体的阴影，并能加强空间的立体感。

2. 利用光的作用，可以加强希望注意的地方，也可以削弱不希望被注意的地方，从而进一步使空间得到完善和净化。许多商店为了突出新产品，用亮度较高的光重点照明该产品，而相应削弱次要的部位，从而获得良好的照明艺术效果。

3. 不同的商业空间类型有着差异化的光环境塑造要求。如，餐饮空间用明亮柔和的暖光环境，提高顾客的食欲，拉近人和就餐环境的亲和关系。歌厅空间以暗调和聚光交叉，处理私密和共享并存的空间区域关系。专卖店的全方位开敞明亮，可明喻产品品质的高贵、前卫、高技术特点等等。（图 6-9 ~ 12）

图 6-9 利用发光体的作用，加强希望注意的地方，进一步使空间得到完善和净化。

图 6-10 不同的商业空间类型有着差异化的光环境塑造要求。

图 6-11 暗调和聚光交叉，处理私密和共享并存的空间区域关系。

图 6-12 汽车打光，表现产品品质的高贵、前卫、高技术特点。

第三节 商业空间照明设计应用

本节引言

照明作为设计要素之一，走进空间设计。随着技术进步，照明将以人文思想作为设计理念，以丰富的照明手段创造更多新颖的照明方式。在本节中，我们重点讨论照明设计的分类、设计的方式和应用技巧。

一、商业空间照明层次

现代商业空间照明层次可以分为基础照明、重点照明、艺术照明三种。（表6-1）
艺术照明的表现形式见图6-13。

照明层次	照明特点	效果评价
基础照明（常规照明）	指为照亮整体空间的照明方式，它不针对特定的目标，而是提供空间中的光线，使人能在空间中活动，满足基本的视觉识别要求。其水平照度基本均匀，适合选用比较均匀的照明器具。	满足基本的视觉识别要求和功能需求。
重点照明（区域照明）	是突出、强调商品的一种照明形式。重点照明的亮度一般是基础照明的3~6倍。它使商品处于明亮的空间区域中，让顾客能够清楚地看到商品特征。	定向光表现光泽，突出立体感和质感。
艺术照明（装饰照明）	是为吸引视线、突出表现室内空间艺术个性、营业性格及气氛而设置的，为空间提供装饰，并在室内设计和为环境赋予主题等方面扮演重要角色。装饰照明主要体现在：一是灯具本身的空间造型及其照明方式；二是灯光本身的色彩及光影变化所产生的装饰效果；三是灯光与空间和材质表面配合所产生的装饰效果；再就是一些特殊的、新颖的先进照明技术的应用所带来的与众不同的装饰效果。	对于表现空间风格与特色举足轻重，是商业展示空间照明设计中需重点考虑的部分。

表6-1 商业空间照明层次及特点表

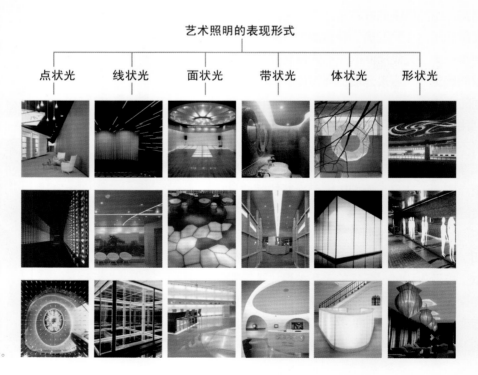

图6-13 艺术照明的表现形式分类。

二、商业空间照明方式

现代商业空间照明方式有直接照明、间接照明、半直接照明、半间接照明、漫射照明。（图6-14～17）

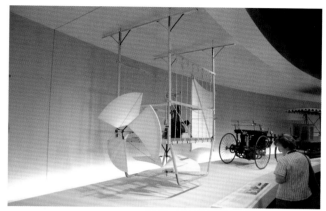

图6-14 背景光，利用灯具的折射功能来控制眩光，将光线向四周扩散漫射。

图6-15 常规照明和背景光结合，光环境简约纯粹。

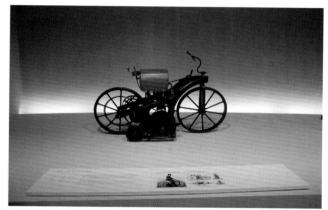

图6-16 对产品重点射灯照明与产品环境明暗色块控制的交错布光设计。刘谦摄影。

图6-17 通过对汽车模型悬吊并设置内发光，取得精致灵动的效果。刘谦摄影。

照明方式	光照特征	照明特点	效果评价
直接照明	90％～100％光线向下直接投射，10％～0％光线向上直接投射。	直接照明的光源是直接照射到工作面上。其照度高而集中，具有强烈的明暗对比，生成有趣生动的光影效果，突出工作面在整个环境中的主导地位。	主导地位；光量大，有强烈的阴影并伴有眩光。
间接照明	90％～100％的光线向上投射，10％～0％的光线向下投射。	间接照明是将光源遮蔽而产生的间接光照明方式。因其采用反射光线的方式，使得工作面上的照度要比非工作面上的照度低，故光能消耗较大，工作面的光线比较柔和。	通常和其他照明方式配合使用；艺术效果好；光量弱，但无眩光。
半直接照明	60％～90％的光线向下直接投射，40％～10％的光线向上投射或反射。	半直接照明是指用半透明的灯罩装在灯泡上部，使光通量以60％～90％直接投射于工作面上，其余光线通过反射作用于工作面上的照明方式，对非工作面进行辅助照明。	明暗对比柔和，光量较大。
半间接照明	60％～90％的光线向上投射，40％～10％的光线向下投射。	半间接照明是把半透明的灯罩装在灯泡的下部，10％～40％的光通量直接投射于工作面，而其余的光通量反射到顶部，形成间接光源进行照明的一种方式。	与间接照明接近，光量较低，阴影与眩光较弱。
漫射照明	40％～60％的光线扩散后向下投射，60％～40％的光线扩散后向上投射。	漫射照明方式是利用灯具的折射功能来控制眩光，将光线向四周扩散漫射。这种照明大体有两种形式：一是光线从灯罩上口射出经平顶反射，以及从半透明灯罩扩散；二是用半透明灯罩把光线全部封闭而产生漫射。	光线柔和，视觉舒服。阴影和眩光得到了改善。

表6-2 商业空间照明方式表

三、商业空间照明应用技巧

应用技巧有空间表现、投射表现、行业表现、情景表现、科技表现技巧等。（图6-18～25）

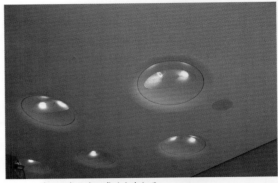

图6-19 精致而富于产品感的点光灯具。

图6-18 中庭空间天棚面式漫射光，结合点式射灯的布光设计。

图6-20 曲线勾勒和直线布光勾勒描绘空间界面和塑型勾线的线式照明。刘谦摄影。

图6-21 室内线式照明与顶棚天窗自然光产生色温和冷暖对比。刘谦摄影。

图6-22 圆形天窗通过磨砂玻璃、柔光布的发光。发光柔和，容易形成视觉中心。

图6-23 以发光地面衬托为主、射灯补光为辅的产品展示用光。

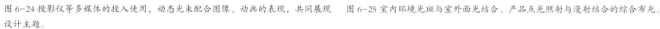

图 6-24 投影仪等多媒体的投入使用，动态光束配合图像、动画的表现，共同展现设计主题。　图 6-25 室内环境光斑与室外面光结合、产品点光照射与漫射结合的综合布光。

类型	光照方式	照明特点
空间表现技巧	面发光	磨砂玻璃、柔光布的内置灯发光；发光柔和，容易形成视觉中心。
	发光带	灯槽发光带和蒙柔光布发光带，勾勒描绘空间界面；引导空间延伸。
	勾线光	勾勒描绘空间界面和塑型勾线，有曲线勾勒和直线布光。
	式光点	网格均匀布光和连续点式光，方便调节光照，有点阵效果。
	发光体	体光具有多方向多面显光特点，发光轻盈、完整；空间感、科技感强烈。
	地发光	玻璃砖发光地面；整体空间干净明亮，发光柔和，科技感强烈。
	顶发光	柔光布的内置灯发光；整体空间干净明亮，发光柔和，科技感强烈。
投射表现技巧	漫射光	上射顶面，漫射，照亮环境；发光柔和，整体空间干净明亮。
	上下夹射	上下夹击射光。顶部用射灯和展台发光来衬托、突出展品。
	投射光斑	利用光的投射所形成的光斑来改变室内空间表皮肌理，通过控制光斑大小与投射方向来使空间发生多样变化，产生动态效果。
	旋转打光	利用旋转打光增加空间的流动感和感性成分，容易形成视觉中心。
	脚灯射光	灯具安装部位低，可以使空间产生悬浮感。
	水灯射光	灯具安装在景观水池侧面和底部，透过水波泛光增加空间灵动感。
行业表现技巧	酒吧照明	酒吧空间的暗调光照需求，采用藏光和漏光方式营造氛围；同时重点吧台重点打光，形成光效对比。
	餐桌照明	餐饮空间用光，采用射灯集中对餐具和菜肴打光，提亮菜肴的色泽，注意所打的光不能够落在客人身上。
	珠宝照明	珠宝首饰柜台，打光强烈，而顶部照明相对柔和弱化处理。
	科技照明	数码产品、瓷砖产品专卖店照明宜通透、光亮、整洁，富有科技感。
情景表现技巧	情景照明	人们跟随光源的提示，沉浸在所营造的情景中，体验空间。
	怀旧照明	利用光色彩的心理作用，在设计中通过暖色调光源的使用，从而产生热闹辉煌的光效，以达到加强这种怀旧感的目的。
科技表现技巧	炫彩照明	投影仪等多媒体的投入使用，动态光束配合图像、动画的表现，共同展现设计主题，传递视觉信息，达到炫彩照明效果。
	3D 照明	3D 数字技术、参数化编程、多媒体光效技术，塑造出虚拟的三维空间。

表 6-3 商业空间照明应用技巧分类表

第六章 单元习题和作业

1. 理论思考

（1）什么叫照明设计？

（2）请举例简述照明设计基本原则。

（3）请举例简述营业区空间照明方式。

（4）请举例简述商业空间照明应用技巧。

2. 操作课题

（1）选择一个服饰店，对门面和营业空间多角度拍照。通过对所拍摄资料的归类和分析，总结服饰店照明设计特点。

（2）统计一个服饰店的照明方法，对照明设施进行分类和总结。

图6-26～29 空间表皮塑造为巧克力肌理的褶皱，由棕暖色调光照，顶部空间结构与曲线布光，增加流动感，采用藏光和漏光方式营造氛围，齿轮机器成为独特道具。

3. 相关知识链接

（1）请课后阅读《室内设计概论》室内灯光设计章节。高祥生主编，辽宁美术出版社 2009.10

（2）请课后阅读《光环境设计》照明设计基础知识、光源与灯具、环境艺术照明、室内环境照明等章节。张金红、李广主编，北京理工大学出版社 2009.2

4. 案例欣赏

案例1：《ROZILLA》"秘密基地"巧克力店设计，日本兵库县，设计师：Yukio Hashimoto（图 6–26 ~ 29）

案例2：《Fei Ultra Lounge》酒店设计，日本东京，设计师：A.N.D. 小坂龟（图 6–30 ~ 33）

图 6–30 ~33 以光影繁复多姿的变化为设计主线，利用光线的组合、变化、抽象，塑造一个奢华、梦幻的空间。整体风格自然、流畅，充满变化。用线、圈、漏、斑、影的不同变化塑造光空间。

Chapter

第七章 人机工学和家具设计

课前准备

请每位同学准备 2 张 A4 白纸，规定时间 10 分钟，默写自己所熟悉的 5 种不同规格的餐桌，勾画示意图，并标注尺寸。10 分钟后，检查同学们的作业，并给出点评。

要求与目标

要求：了解人体工程学的基本概念及其研究内容，熟悉人与家具、设施之间的尺度关系，无障碍设计的尺寸关系等内容。

目标：培养学生的专业操作能力，重点掌握人体各项静态尺寸、动态尺寸的具体数据和人占据空间的详细尺寸，并在从事室内设计活动时，能加以灵活地运用。

本章要点

①人机工学基础数据与基本概念；②商业空间的家具设计；③商业空间配套设施设计。

本章引言

在商业空间设计过程中，人与环境、家具之间的尺度关系是最为重要的。商业设施设备的规划设计因其规模、业态不同而不同，在进行具体规划设计时，应当遵循一套能够兼顾功能和经济成本的设计体系。在本章中，我们重点讨论人机工学基础数据与基本概念，家具设计和配套设施设计。

第一节 商业空间的人机工学

本节引言

人机工学从不同的学科、不同的领域发源，面向更广泛领域的研究和应用，是因为人机环境是人类生产和生活中普遍性的问题。在本节中，我们重点讨论人机工学基本概念，人机工学与商业空间、家具和设施设计的关系。

一、人机工学基本概念

"人机工学"也称"人机工程学"或"功效学"。它是研究人在某种工作环境中的解剖学、生理学和心理学等方面的因素，研究人和机器及环境的相互作用，研究在工作、家庭生活中与闲暇时怎样考虑人的健康、安全、舒适和工作效率的学科。

人机工学现在已发展为一门多学科交叉的工业设计学科，研究的核心问题是不同的作业中人、机器及环境三者间的协调，研究方法和评价手段涉及心理学、生理学、医学、人体测量学、美学和工程技术等多个领域，通过各学科知识的应用，来指导工作器具、工作方式和工作环境的设计及改造，使得作业在效率、安全、健康、舒适等几个方面的特性得以提高。

二、人机工学与商业空间

人机工学里面所说的"机"是广义的，泛指一切人造器物：大到飞机、轮船、火车、生产设备，小到一把钳子、一支笔、一个水杯；也包括室内外人工建筑、环境及其中的设施等等。人机工学的研究内容，是人—机—环境的最佳匹配、人—机—环境系统的优化。

商业空间尺度设计，离不开对人机工学的研究。建筑内的器物为人所用，因而人体各部位的尺寸及其各类行为活动所需的空间尺寸，是决定建筑开间、进深、层高、器物大小的最基本的尺度。（图7-1）空间尺度并不仅限于一组关系，

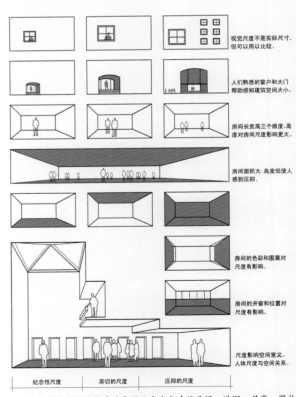

视觉尺度不是实际尺寸，但可以用以比较。

人们熟悉的窗户和大门帮助感知建筑空间大小。

房间长宽高三个维度，高度对房间尺度影响更大。

房间面积大，高度低使人感到压抑。

房间的色彩和图案对尺度有影响。

房间的开窗和位置对尺度有影响。

尺度影响空间意义。人体尺度与空间关系。

纪念性尺度　　亲切的尺度　　压抑的尺度

图7-1 人的行为活动所需的空间尺寸决定建筑开间、进深、层高、器物大小的最基本尺度。

它是一个错综复杂的系统，包含部分与整体及部分与部分之间的对应、物体与人体尺寸的对应、常规尺寸与特殊尺寸的对应关系。（图 7-1 ~ 2）

三、人机工学与家具设计

家具设计是以人为服务对象，应以人机工学为基础，而人体尺度是人机工学在运用过程中最重要的基础数据，它的获得决定了在实践中运用的结果。在家具设计中，人机工学所起的作用主要体现在以下方面：

1. 为确定室内物理环境的各项最佳参数提供依据，从而符合人生理和心理的要求。

2. 为确定室内空间尺度提供依据。制约空间尺度的最主要因素是人体的尺度。诸如人体的平均高度、宽度、蹲高、坐高、弯腰、举手、携带行李、牵带小孩以至于残疾人拄手拐、坐轮椅所需的活动空间尺寸等等。

3. 为确定家具与设施的尺寸和空间范围提供依据。依据人机工学所提供的人体基础数据进行家具设计和布置，可以使人体处于舒适状态和方便状态中。

4. 为无障碍设施设计提供依据。给予辅助工具合理方便的空间活动范围，符合使用特点。（图 7-3 ~ 6）

图 7-2 制约家具尺度的最主要因素是人体的尺度，改变家具局部尺度和组合可以生成新形态。

图 7-3 人体尺度是人机工学在运用过程中最重要的基础数据。

图 7-4 结合人机工学反转靠背设计的 Z 形"冰碛"（Z.Scape Moraine）沙发。

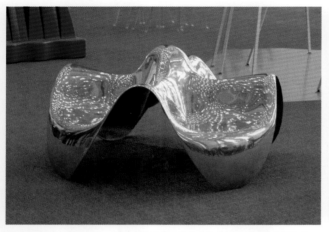

图 7-5 Darwish 沙发,四人座雕塑金属椅,使人体处于舒适和方便的状态中。

图 7-6 如同面具的尼姆(NEMO)椅,把一张脸掏空创造出一个符合人体尺度的凹陷空间。

第二节 商业空间家具设计

本节引言

在商业空间的气氛构成中,家具之间的组合、布置是否合理,以及家具与空间功能如何组合,都会直接影响空间环境的氛围。在本节中,我们重点讨论商业空间中的家具要素、空间类型与家具布置、家具设计。

一、商业空间中的家具要素

家具,是指供人生活、工作用的器具,是室内空间环境的一个重要成分,与室内所需的各种功能密切相关。室内空间通过家具布置,才能体现出室内特定的功能与形式。合理的家具设计可以有效地改善空间质量,突出主题氛围。

分类	表现
风格	现代家具、后现代家具、欧式古典家具、美式家具、中式古典家具、新古典家具、新装饰家具、韩式田园家具、地中海家具。
材料	实木家具、板式家具、软体家具、藤编家具、竹编家具、金属家具、钢木家具,及其他材料组合如玻璃、大理石、陶瓷、无机矿物、纤维织物、树脂家具。
功能	办公家具、客厅家具、卧室家具、书房家具、儿童家具、餐厅家具、卫浴家具、厨卫家具(设备)和辅助家具。
结构	从家具自身结构分,框式家具、板式家具、充气家具、注塑家具、拆装家具、折叠家具。从家具与空间结合结构分,连壁家具、悬吊家具、组合家具、隔断家具、家具隔墙。
造型效果	普通家具、艺术家具、纸艺家具、陈列性家具、雕塑性家具、参数化家具。
产品档次	品牌家具、高档家具、中高档家具、中档家具、中低档家具、低档家具。

表 7-1 家具的类别表

二、商业空间家具布置原则与方法

研究家具布置原则可以使家具与人的使用和环境空间协调。

1. 家具布置基本原则

（1）简化使用流线，方便用户使用，最大程度上为人们空间操作活动提供便利。

（2）合理占用空间位置，符合空间功能分区和使用要求，与环境协调，丰富空间形态。

（3）考虑行业特点、用户喜好和消费层次。每一个行业对家具摆放都有着习惯性特点，对家具布置密度也有要求。

2. 家具布置基本方法。见下表：

分类	方法	家具布置特点
以空间位置分类	网格布置	紧密型布置。功能性、实用性强。是普通餐厅中的常见布置。
	线式布置	沿室内空间的走道、交通流线布置座位和餐桌、沙发等等。
	组团布置	体现空间聚集特点。有区域性聚集和功能性聚集，环境氛围好。
	单边布置	多见于小规模营业空间的柜台布置和座椅布置，或者是展柜布置。
	周边布置	多见于小规模营业空间，沿墙围合布置展柜家具，留出中间空间。
	岛式布置	多见于小规模营业空间的柜台、展台设置，家具的空间位置突出。
	走道布置	沿室内空间的走道、交通流线布置座位和餐桌、沙发等等。
	综合布置	变化丰富的紧密型布置。功能性与美观性强。多种布置形式结合运用。
以家具与家具关系位置分类	对称布置	将家具对称地布置，一般适用于需要成双成对或者成组使用的家具。
	非对称布置	自由、活泼地布置家具。适用于空间宽松，室内氛围较轻松、休闲的环境。
	紧凑布置	功能性、实用性强。高密度布置家具是普通餐厅中的常见做法。
	分散布置	将家具分散布置，一般适用于大空间和开敞空间的多功能多区域布局。

表 7-2 家具布置基本方法表

三、商业空间家具设计

 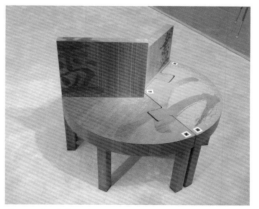

商业空间家具设计内容包括：定制家具设计基本程序、定制家具与现场制作家具、后期采购家具的设计特点。（图 7-7 ~ 14）

图 7-7 刘小康家具作品平直方正，保留了木材的原本色泽，显得端庄大方。

图 7-8 刘小康家具作品注重空间组合变化、表皮肌理与中国文字结合。

图 7-9 刘小康家具
作品,用联结的方式,
隐喻人和物之间、人
与人之间的沟通和
交流。

图 7-10 刘小康家具
作品,椅子与人、椅
子与有机环境关系
的细节丰富。

图 7-11 朱小杰家具
作品将中国传统元
素、西方现代家具概
念、非洲大陆生态之
地的意象,交相辉映。

图 7-12 朱小杰家具
作品,渗透了设计师
对改善现代人坐卧
方式的探索和思考。

图 7-13 人体结构与
椅子结构的奇妙结
合的艺术家具设计。

图 7-14 Fiat500 "全
景"(Panorama)沙
发,是将经典小汽车
与沙发相拼合的跨
界作品。

1. 商业空间定制家具设计基本程序

（1）委托家具厂的家具设计师设计，或者由商业空间设计师出设计稿。现在许多高品质专卖店中的家具是由空间设计师直接完成创意设计的。

（2）产品构思。包括基于对商业类型和空间特点研究的家具设计定位，对可能形式、材质、尺度与场地和使用的研究。应关注创意设计与使用功能并重。

（3）绘制创意图纸。包括基本室内家具布置平面图、家具单体分类、单体家具图纸、家具组合图纸等。应符合图纸规范。

（4）制作样品模型。批量大的椅子、桌子需要制作样品模型。这个阶段应关注材质色彩与空间表皮统一。

2. 现场制作家具、后期采购家具

除了定制家具外，还包括采购家具、现场制作特殊尺度家具。采购家具是最经济的做法。现场制作家具包括大尺度异形柜台、与空间固定安装的服务台、展台等，多是由装修木工完成。详见下表。

设计分类	名称	家具特点	设计特点	经济性
采购类	桌椅、柜子	成品家具选购。系列配套家具。	要明确家具的"属性"，从形象、色彩、用材、尺度的各种差异中，按不同场合的要求设置不同规格的家具。	●●●●●
	常规家具	其他成品家具选购。		
	艺术家具	独特的艺术家具。	用于环境调整配景。选择形态、色彩、表皮特异的艺术家具营造空间情景。	●●●●●
定制类	桌椅、柜子、组装家具	改变长宽高尺寸和表皮的桌椅、柜子。	选择形态、尺度、表皮、造价适宜的家具产品，略加改变，批量定制。	●●●●
	非标准家具	改变长宽高尺寸和表皮的非标准家具。	选择形态、尺度、表皮、造价适宜的家具产品，略加改变，批量定制。	●●●●
	展柜	批量定制酒柜、产品展示柜。	将室内设计施工图直接交给专业橱柜公司，批量定制。	●●
现场制作类	大型家具	大餐台、接待台、收银台、服务台。	属于装修施工范围的大型家具。一般不可移动。形态、材质与空间一致。	●●
	展柜	单一尺寸酒柜、产品展示柜。	属于装修施工范围的展示家具。尺度多样。形态、材质与空间一致。	●●
	特殊构件家具	配合空间造型的多功能特殊构件家具。	属于装修施工范围的展示性构件。尺度多样。形态、材质与空间一致。	●
	隔断固定家具	用于空间围合隔断的隔断固定家具。	属于装修施工范围的展示性构件。尺度多样。形态、材质与空间一致。	●
	墙柜一体家具	用于空间围合隔断的墙柜一体家具。	属于装修施工范围的结构性家具。支撑结构和功能性设计要合理。	●

表7-3 商业空间家具设计分类比较表

第三节 商业空间配套设施设计

本节引言

商业空间的设施选择和布置包含的内容复杂，受到影响的因素很多，从设施基本功能到与空间环境协调、从舒适程度到使用者的心理要求等均必须充分考虑。在本节中，我们重点讨论商业空间的设施要素、分类、配套设施设计。

一、商业空间的设施要素

商业空间的设施要素包括：基本设施要素，如建筑楼梯、水电暖通、弱电、基本照明、卫生间、安全设施、停车场等；营销设施要素，如重点照明与艺术照明设施、家具设施、导向信息设施、多媒体设施、接待设施、无障碍设施、试衣室等等。

设施要素是空间场景的支撑服务重要功能性设置，在营业空间中，顾客一般不会注意这些地方。水电暖通、弱电设施等在装修工程设计中被称之为"隐蔽工程"。如果安排不当，设计遗漏会直接影响空间质量和空间使用效果。随着设计观念改变，以往的"隐蔽工程"有些已经裸态、直接地出现在直接营业区中，如暖通管线暴露，构成空间形态和风格要素。

二、商业空间的配套设施分类

分类	名称	设施要素作用	空间特点	影响性
营销服务设施	导向设施	导向指示牌、信息提示牌、灯箱、可移动的临时指示牌，直接影响营销效果和空间使用。	不占用或者很少占用地面空间。	●●●●●
	多媒体	电视机、投影机、LED播放显示器，直接影响营销效果。增强空间的丰富性和动感。	不占用或者很少占用地面空间。	●●●●●
	试衣室	直接影响营销效果和空间使用。是服饰店的必要营销服务设施。	占用营业空间的必要设置。	●●●●●
	家具设施	略。见前文。	直接影响空间使用。	●●●●●
	休息等待	具有接待、等待服务作用和临时歇息功能。如餐厅休息等待区设置，直接扩大营业份额。	占用营业空间的必要设置。	●●●
	背景音乐	播音系统对环境气氛的烘托促进作用。	不占用空间。	●
综合服务设施	照明设施	略。见前文。	直接影响空间使用。	●●●●●
	卫生设施	卫生间直接影响到营业活动。是餐厅酒吧的必要设施。还有垃圾箱的隐蔽配备。	功能空间、面子空间。装修质量要好。	●●●●
	遮阳设施	门店的外立面配套设施，影响店面形态。营业空间室内的软装配套设施。	不占用地面空间。影响空间效果和质量。	●●
	无障碍	综合配套设施和人性化设施。坡道设置、卫生间安全设施和电梯设施。	中大型商业环境必须规划安置。	●
生产操作设施	后厨设施	必备的操作生产区设施，专业设计。	需要专业规划。	●
	备餐间	必备的操作生产区设施，专业设计。	需要专业规划。	●
	货物通道	仓储卸货、前店后坊的联系通道。	需要专业规划。	●
	更衣室	必备的操作生产区配套服务设施。	需要统一规划。	●

分类	名称	设施要素作用	空间特点	影响性
基础设备设施	暖通设施	必备的空间功能设施。直接影响到营业活动。需要专业设计与空间设计密切协调、精细安排。	影响营业空间的顶面和局部立面空间。	●●●●●
	给排水	必备的空间功能设施。直接影响到营业活动。	不占用空间。	●
	强电弱电	强电，照明、暖通设施用电。弱电，高效率的信息处理、个性化的设置、完整的调配系统。	占用空间。直接影响到营业活动。	●
	消防设施	按照消防安全设置。符合消防规范。	必须留出消防通道。	●●
	楼梯设施	楼层楼梯、夹层楼梯、景观楼梯以及台阶、坡道、栏杆。功能性强，对空间安全、美观和品质影响较大，要符合建筑和室内规范设置。	空间占位大，尺度、形态、装修、安全对室内空间影响较大。	●●●●●
	停车设施	地下车库、广场停车、门前停车。解决不好会直接损害商业利益，降低商业吸引力。	不影响室内空间布局和使用。	●●●●●
监控设施	安保监控	具有监督营业区和后场的顾客、员工出入、存包等安全警备功能。监督管理各种内部机械设备和大楼物业等功能。	小空间隐蔽布置。不影响营业空间布局和使用。	●
	管理设施	电话、播音系统：交换机和对讲机在各类酒店电话系统中被广泛使用，这些系统的复杂程度各不相同，而且日趋精密。	小空间隐蔽布置。不影响营业空间布局和使用。	●

表7-4 商业空间配套设施分类表

三、商业空间配套设施设计

商业空间配套设施系统庞杂，本小节中，选取对营业空间影响较大的几个方面进行阐述。（表7-5，图7-15~18）

设施名称	设计原则	设计内容和方法
营销服务设施	终端包装策略	导向系统。一是要系统项目完善，不同空间节点设置：门面、营业厅、辅助空间、交通、消防；设置层次：主标志看板、次级看板、细部文字看板设置；二是要系统平面设计：标志色彩、图案、字体、版式设计。
		灯箱招贴。属性设置：对应营销策略的内容选择、图形和信息表现；空间节点设置：门面、大厅、路径、辅助空间的大小尺度和展示形态与手法设计；系统规划和内容。编排：主题、情节、主线、层次、起伏。
		试衣间。与营业区展示区的捆绑设置，门面材质与空间协调。内部空间方便活动，便于营业员的监督、观察视线。流线和位置相对隐蔽。
		接待等待。与营业区展示区同品质装修的捆绑设置。属于室内共享和专属服务区。流线安排要避免干扰主营业区形象和交通通道、消防通道。
楼梯设施	安全性、景观性	楼梯。符合建筑和室内设施安全规范。重点针对楼梯的景观化设计。对楼梯的位置设置、流线梳理、楼梯结构、扶手、材质表皮要精细化对待。花钱少，功效高，将功能设施转换为景观亮点和空间风格标志。
		坡道。坡道倾斜度设置和防护符合建筑和室内设施安全规范。重点针对坡道的区域空间转换作用，丰富空间层次和形态效果的景观化设计。
		栏杆。符合建筑和室内设施安全规范。栏杆结构和形态是室内空间设计的重点之一，是室内景观要素。栏杆结构和形态的专门设计，为了避免雷同化，最好不要使用采购构件，不要简单化对待。
卫生设施	整洁性、尊贵性	卫生间。不要简单化对待。卫生设备质量要好，装修材质和做工考究。
暖通设施	完善性、直接性	暖通风口。风口设置合理，符合功用。隐蔽设置：风口影响顶面层高、龙骨结构和吊顶造型，要精细安排，协调二者关系；暴露设置：调整管线走向，聚集管线，规整排布。发挥管线桥架的空间形态变化作用。

表7-5 商业空间配套设施（部分）设计表

图 7-15 炫彩的陈列设施设计。

图 7-16 多功能可伸缩的桌台设计。

图 7-17 结合版式构成的展示设施设计。

图 7-18 将图片与立体成衣组合一体的展示设施设计。

EXERCISES

第七章 单元习题和作业

1. 理论思考

（1）什么叫人机工学？

（2）请举例简述家具分类特点。

（3）请举例简述商业空间配套设施分类。

（4）请举例简述商业空间家具布置原则与方法。

2. 操作课题

（1）选择一个餐厅，对门面和营业空间多角度拍照。通过对所拍摄资料的归类和分析，总结餐厅空间人机工学特点。

（2）对一个餐厅的餐桌、柜台拍照。勾画线描，对餐厅的设施、材质、装饰细节分类和总结。

3. 相关知识链接

（1）请课后阅读《室内设计概论》人体工学、与室内设计相关的建筑设计知识章节。高祥生主编，辽宁美术出版社 2009.10

（2）请课后阅读《建筑：形式、空间和组合》形式与空间，交通，比例和尺度章节。程大锦著，天津大学出版社 2008.9

EXERCISES

4. 案例欣赏

案例1：《A917 Corporate Headquarters In Pisa》设计事务所，意大利比萨，设计师：nuvolaB architetti associati（图7-19 ~ 26）

案例2：《MUJI Canal City Hakata》无印良品，日本博多，设计师：Super Potato（图7-23 ~ 26）

图7-19 ~ 22 本案由室内家具和夹层连体设计，对于空间流线具有很好的导向性，并自然有效地分割功能空间。结合建筑、墙体围合、柱网结构、顶面造型、家具造型的空间构成。

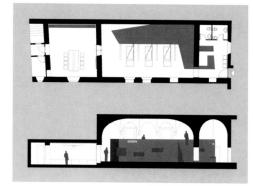
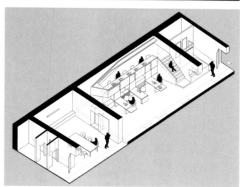

图7-23 ~ 26 基于自然主义和生态理念的家具空间构成设计，以对建筑空间最少干预的策略，采用连体隔断设计，有效地区分交通空间和组团功能区域。木结构隔板柜和金属挂件可拼装和重复使用。

Chapter

第八章 色彩与材质

课前准备

请每位同学准备 2 张 A4 白纸，规定时间 10 分钟，默写自己所熟悉的装饰材料和规格，10 分钟后，检查同学们的作业，看谁默写的种类多，规划准确，并给出点评。

要求与目标

要求：了解商业空间表皮概念、色彩应用中的若干技巧和材料的性能、质感、肌理设计等内容。

目标：培养学生的专业操作能力，重点了解色彩规律、配色技巧。了解室内材料、质感、肌理特点，并加以灵活地运用。

本章要点

①空间表皮概念；②色彩应用中的若干技巧；③材质应用中的若干技巧。

本章引言

色彩与材质的表现力受到设计师越来越多的重视，材质包含了丰富的物理、生理、心理效应和情感特征。在本章中，我们重点讨论类型化、多元化的商业空间表皮特征，色彩和材料在商业空间设计中的作用。

第一节 空间表皮概念和特征

本节引言
　　一个空间环境，其表皮一般由多种材质组成，而不同材质的组配方式能改变环境的性格特征。它们是媒介，是表情，组合并塑造出了空间的气质。在本节中，我们重点讨论空间表皮概念和类型化的商业空间表皮特征。

一、空间表皮概念

　　表皮是指人和动物皮肤的外层。建筑空间表皮是指用于建筑物表面的各种饰面材料，它具有美化和保护建筑物的作用。

1. 表皮的分类

　　（1）结构型表皮：在建造中，结构是空间装饰的骨架，是整个隔断的支撑系统，而表皮是隔断外部围护界面的物质系统，是室内建构与其所处环境空间之间的外在层面。因此，结构性表皮是室内设计中最无法回避的基本问题之一。

　　（2）功能性表皮：如果是依赖结构的，则结果和上面的表述类似。如果是脱离结构的，如框架结构，则其表达和功能联系紧密。

　　（3）独立表皮：是指膜、玻璃、片木、铝和钢等材料的建筑与室内立面。这种立面表皮，基本是和结构分离并作为独立的表皮而存在。

2. 表皮的作用

　　（1）空间表皮类似于人们的服饰，服饰在满足人们保暖、遮羞要求的基础上，还有美观修饰、体现衣者品位、身份的作用。它在满足空间设计的一些基础功能的同时，起着装饰、烘托、营造环境氛围的作用。

　　（2）空间表皮，关系到商业空间的视觉质量、触觉质量和使用质量，关系到顾客的生理与心理体验，关系到营销服务效果。

二、类型化的表皮特征

空间表皮是一种丰富的设计语言,有自身的词汇、组织结构、类型特征。木材、石材、金属、玻璃、涂料、织物、皮革等是常见的装修材料,在长期商业空间使用中,渐渐形成了类型化、符号化的表皮特征。详见表8-1。（图8-1 ~ 4）

图8-1 石：毛面、抛光石材,作为建筑和室内表皮材料,肌理丰富,风格硬朗。

图8-2 金属：锈面金属的色泽质朴,锈铁色调饱满厚重,有沧桑感。

图8-3 混凝土：经过浇筑成型,采用不同的模板可以得到不同的表皮肌理效果。

图8-4 木：材质均匀、纹理顺直,易加工。色泽质朴温润,色阶丰富,方便与石材等搭配。

材料	材质特征	色彩特征	空间类型使用特征
木材	材质均匀，纹理顺直，耐久性较好。方便加工。手感好。	色泽质朴温润，色调色阶丰富；亲和度高，具温暖感。	常作为餐饮空间、传统特色商铺的表皮材质和家具主材。
石材	分天然与人造、光面与毛面。材质硬朗，抛光后似镜面。	花岗岩和大理石纹理、色调色阶丰富。简约与富贵感并存。	常作为酒店大堂会所空间、餐饮大堂和专卖店的表皮材质。
金属	金属材料具有光泽度强，易于清洁、加工等优点；品种多样。	锈面金属的色泽质朴，锈铁色色调饱满厚重，有沧桑感。	不锈钢常作为酒店大堂与石材搭配的材质和金属构件。
玻璃	具有高透性、抗压性且化学稳定性较好、耐腐蚀性强等优点。	色彩浅淡，容易与木材、金属、石材、陶瓷等材质配合。	使用广泛。常作为大门、隔断围合、展厅、装饰等。
陶板	硬朗与柔顺结合。质感肌理丰富。方便加工。	色泽质朴，色调饱满厚重；亲和度高，有温暖感；色阶丰富。	常作为餐饮空间、会所空间、传统特色商铺的表皮材质。
织物	梭织物、无纺布，肌理丰富。	色泽质朴，色调色阶丰富。	常作为餐饮空间墙面材质。
皮革	真皮和人造革。质感肌理丰富。方便加工。手感好。	色调饱满厚重，亲和度高。有温暖感和富贵感。	常作为酒店大堂、餐饮大堂、歌厅空间的吸音表皮。

表 8-1 常用装饰材料的表皮特征

三、多样化的表皮创新

除了常用的装饰材料，商业空间出现了越来越多的创新表皮，呈现出多样化的特征。表现在：

1. 新材料新表皮：新人工合成材料不断补充进来，如，彩色涂层钢板、钛金镜面板、铜合金等，还有各种仿木材料、树脂材料等等。新材料带来新表皮、新质感，生成新空间风格。

图 8-5 新材料新表皮：彩色涂层钢板、钛金镜面板、铜合金等，生成新空间风格。

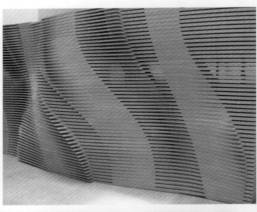

图 8-6 老材料新用法：对传统装修材料的重新认识和创新使用。

图 8-7 LED 数控表皮：借助 LED 数控照明技术和设施，设计制作省电模式的亮屋、亮墙、亮地。

图 8-8 表皮组织结构创新：制造有规律的表皮渐变起伏，使表皮更具有视觉冲击力。

2.表皮组织结构创新：层次化、复杂化加工处理和施工拼贴。如借助参数化技术，制造有规律的表皮渐变起伏，加大表面肌理生成，像对待细胞结构那样处理表皮细节，使表皮更具有视觉冲击力。

3.LED 数控表皮：借助 LED 数控照明技术和设施，设计制作省电模式的亮屋亮墙亮地，并可以数控操作换色调、换图案，渐变、动态变化。还可以触摸变色，人与空间的互动，奇特体验，光怪陆离，商业味道浓郁。

4.老材料新用法：对传统装修材料的重新认识和创新使用。如全纸质墙顶地和家具材质，全玻璃墙顶地和家具材质，全金属墙顶地和家具材质。或者是互换使用材质等等。（图 8-5 ~ 8）

第二节 商业空间色彩设计

本节引言

色彩的搭配与设计是营造整个空间风格与氛围的重要手段之一。色彩作为首要的视觉语言，是借助材质和表皮等来表达、传递感情的。在本节中，我们重点讨论色彩的物理、生理和心理效应及在商业空间设计中的作用。

一、色彩的效应

色彩是一种物理现象，通过人们的视觉感受产生一系列的生理、心理的效应，从而使人们产生丰富的联想、想象和象征意义，如冷暖、远近、轻重、大小等。色彩的效应有：

1. 色彩的物理效应。色彩的物理效应又叫色彩的感觉效应，是色彩对人引起的视觉效果反映在物理性质方面，如冷暖感、距离感、体量感、重量感和色彩的共感等，而充分发挥和利用这些特性，会赋予空间作品以打动人的魅力。

2. 色彩的生理效应。"绿色具有一种人间自我满足的宁静，这种宁静具有一种庄重、超自然的无穷奥妙。"康定斯基对绿色的界定使我们感受到了绿色带来的宁静与心旷神怡；红色象征热情；蓝色象征安静理智；黄色象征愉快欢乐等等。

3. 色彩的心理效应。色彩本身不具有情感，但是，人们在长期的生活中形成的思想上的一些固有的象征，使每种色彩都具有了特殊的心理作用。如冷色使人感到宁静、幽雅、安定；而作为中性色的黑、白、灰不包含任何情感倾向，起调和作用。如红、橙、黄等暖色会使人联想到火焰、太阳等，从而会产生温暖的感觉；而白、蓝、蓝绿等冷色会联想到冰雪、海水、林荫等，而感到阴凉。

二、色彩在空间设计中的作用

商业空间的经营者，更应主动去满足人们对色彩的不同的需求，营造出符合空间氛围和顾客情感寄托的空间，从而达到吸引顾客，促销卖品的目的。色彩在空间设计中的作用有：

1. 营造空间效果。利用色彩的对比同化、衬托融合等关系可以对已有空间层次加以强调，利用它与材质的组合和搭配可以对空间层次加以区分，增强主次关系，建立空间的秩序感。

图8-9 对商业空间环境起决定作用的大面积色彩即为主色调,也称主导色。

图8-10 色彩配置必须符合空间设计在构图上的需要,充分发挥色彩对空间的美化作用。

图8-11 情感调色法,充分利用色彩的心理感受、温度感、进退感等诱导消费。

图8-12 类型色彩法,不同类型的商业空间有着不同的使用习惯和功能要求。

2. 调节空间尺度。色彩的冷暖色调的不同,带给人们不同的距离感。基于这个原理,在较狭小的空间里就不适宜使用纯度过高的暖色,否则会感到拥挤、燥热。冷暖色调的不同,带给人们不同的重量感受:暖色感觉轻、向前、上浮;冷色感觉收缩、疏远、后退。基于这种色彩使人产生的错觉,在空间过大过空时可大面积使用较重的冷色感色彩。

3. 调节室内光线。采光不好的空间可以使用高明度的暖色系让房间变得明快温馨;反之使用反射率较低的冷色系色彩。(图8-9～12)

三、商业空间色彩应用技巧

如何协调空间色彩关系,形成一个统一且富有变化的色彩基调是商业空间色彩设计的主要研究课题,其色彩应用技巧有:(图8-13～16)

1. 主体色调法。确定与商品统一的主体色调,对商业空间环境起决定作用的大面积色彩即为主色调,也称主导色。在展示柜体、道具、空间造型、照明等方面应在服从这一主色调的基础上进行变换和选择。

2. 重点色法。选择调节色和重点色，由大到小，在统一中求变化，利用色相、纯度、明度、肌理对比来营造有规律的变化，构成商业空间的活动色彩，不致呆板，没生气。

3. 个性色突出法。在考虑统一色调的同时也要保证内容与商品的个性特点，选择的色彩要有利于突出产品特性，适当利用对比方法使主题形象更鲜明。

4. 情感调色法。空间色彩的设计应具有左右观众视觉和行为的力量。把握观众对色彩的心理感受，充分利用色彩的心理感受、温度感、进退感等诱导消费。

5. 色彩构图法。商业空间色彩配置应必须符合空间设计在构图上的需要，充分发挥色彩对空间的美化作用，正确地处理协调与对比、统一与变化、主体与背景的关系。

6. 类型色彩法。不同类型的商业空间有着不同的使用习惯和功能要求，色彩的设计也要随着功能的差异而做相应的变化。

图 8-13 Bellechasse Hotel(Paris)：利用色彩的对比同化、衬托融合等关系对空间层次加以强调。

图 8-14 艺术的墙面壁纸与椅子上的花纹相互照应，和谐的色彩搭配让空间具有整体性。

图 8-15 个性的顶部天花和墙面壁纸增加空间趣味性。

图 8-16 室内壁画与墙纸融为一体，丰富了空间，而强烈视觉冲击的墙面处理引人注目且趣味感十足。

第三节 商业空间的材质设计

本节引言

　　材料，是可以用来制造有用的构件、器件或物品等的物质。而材质可以看成是材料和质感的结合，是物体被观看和触摸的表皮质地。在本节中，我们重点讨论材料的性能、质感、肌理，商业空间材质应用技巧。

一、材料属性

　　材料属性是构成空间表皮材质表现的基础。材料属性，根据恒定性与可变性可以分为两类——物理属性和感官属性。物理属性：密实度、硬度、比重、绝热性能、承重性能等等可以被物理实验确定的性能；感官属性：在时间和气候等因素作用下可变的或偶然呈现，并且能被人知觉所感知的属性，如不同强度光照下材料的表面颜色、光泽度，以及不同加工条件下材料所体现的触感及轻重感。

　　影响材料属性表现的因素：包括人力因素，人的建造和加工材料，决定了表皮材质表现；时间因素，材料属性会在时间的雕琢下变化；使用位置因素，材质属性表现受到建造的具体位置的影响。（图 8-17 ～ 20 ）

图 8-17 木材加工：肌理、染色、组织结构和建造方式。

图 8-18 砖块加工：砌筑、凹凸、肌理、色泽、纹理、方向。　图 8-19 石材加工：斩石、刻石、锤点、打磨、抛光。　图 8-20 金属板加工：镂空、压痕、凹凸、编织、焊接、着漆。

二、材料在空间设计中的表现

材料的不同形态、质地、色泽以及肌理等对表皮材质的形成都格外重要。

1. 材料可以作为主导元素影响着对空间关系的组织，空间与材质呈现要素式的匹配，用以建造的实体材料介入了构图，参与对空间的塑造。

2. 以材料作为塑造空间氛围的手段。通常，空间氛围的塑造主要依赖空间几何秩序及形状，人们对空间的感知也主要依赖视觉。而当材质摆脱了抽象构件身份时，材质就不再仅仅是一种视觉图像，它们获得重量、温度、光泽、粗糙或者细腻的表面，甚至是气味。

3. 不同表皮材质的融合、对比，以及对单一材料感官属性的发掘，都可以塑造空间氛围：

（1）光泽感。像镜面不锈钢、镜面石材、刷清漆的木材、玻璃、玻化瓷砖等。光泽的材料能产生镜面的效果，从而起到扩大空间感，产生一种魔幻与对称的神奇视觉体验。

（2）粗糙与细腻。这种触觉体验是由材料的质地决定的，这种触觉感受也是相对存在的。

（3）柔软与坚硬。皮毛、织物等给人柔软、舒适的感觉。柔软与坚硬的感觉也是相对的，比如木材，它有一定的硬度，但较石材、金属等却要显现得柔软得多。

（4）透明感。常见的透明材料有玻璃、有机玻璃、透明有色玻璃等；半透明的材料有磨砂玻璃、半透明有色玻璃等。利用材料的透明性可以分割和改善空间。

（5）冷暖感。材料给人的感觉有冷暖之分，如金属、玻璃等给人冷的感觉；而羊毛、织物等则给你温暖的感觉；木材，属于中性材料，在使用上很容易与其他的材料达到和谐。

在自然、人力、时间因素等作用下，材料会呈现多样肌理表现。（图 8-21）分类：

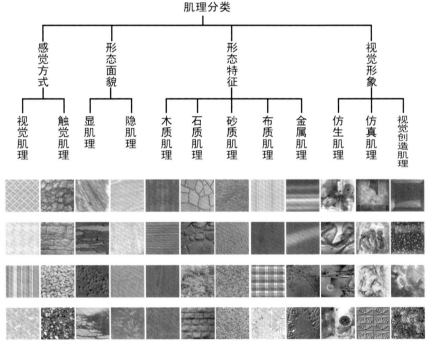

图 8-21 材料肌理分类

三、商业空间材质设计

灯光、色彩和空间与装饰材料发生关系，并对材料质感的体现产生一定的影响。人们对材料质感的感知度低于对材料色彩和形态的感知度，商业空间材质设计方法也是围绕提高材质感知度展开的。（图 8-22 ~ 25）

1. 主材统一法。室内装饰一般情况下都会有一个主材料并决定主色调。这个主材料贯穿于整体空间当中，用于大面积的部位，在确定主材料的基础上考虑细部的变化来体现室内情调，通过改变拼贴材质尺度，改变纹理方向，改变结构工艺，丰富空间层次。

2. 肌理照明法。灯光会使材料的质感发生变化：灯光本身的色彩会对材料的质感产生影响；纯度高的光易于改变材料原有色彩所带来的视觉感受；适当强度、光色的灯光有利于强化材料原有的肌理特征。

3. 图底切换法。顶地墙和家具有着不同的主材料，形成图底关系及背景与中心物的衬托关系。切换材质与空间所形成的图底关系，通过材料互换、色相和明度互换，生成新的图底关系和层次。

4. 类型切换法。不同空间类型对应有不同的表皮材质类型。通过切换类型的材料使用习惯，改变空间面貌和效果。

5. 色彩修正法。室内环境的色彩都是基于材质之上的，也正因为如此，材质是色彩的载体，色彩是材质的外在表现。色彩可以对材料本身的质感起掩饰和修改的作用。

图 8-22 通过切换类型的材料使用习惯，改变空间面貌和效果。

图 8-23 主材统一，室内装饰一般情况下都会有一个主材料并决定主色调。

图 8-24 顶地墙和家具有着不同的主材料，形成图底关系及背景与中心物的衬托关系。

图 8-25 生态建材与金属材料的搭配使用。

第八章 单元习题和作业

1. 理论思考

（1）什么是结构型表皮？

（2）请举例简述常用装饰材料的表皮特征。

（3）请举例简述商业空间色彩应用主要方法。

（4）请举例简述商业空间材质应用主要方法。

2. 操作课题

（1）选择一个购物中心，对多个营业空间多角度拍照。通过对所拍摄资料的归类和分析，总结大型购物中心的空间色彩特点。

（2）对购物中心的化妆品展区的展具、柜台拍照。对化妆品展区的设施、材质、装饰细节分类和总结。

3. 相关知识链接

（1）请课后阅读《室内设计概论》室内设计材料与构造章节。高祥生主编，辽宁美术出版社 2009.10

（2）请课后阅读《建筑学教程1：设计原理》结构和表现，功能性、灵活性和多价性章节。[荷]赫曼·赫茨伯格著，天津大学出版社 2008.4

4. 案例欣赏

案例1：《Kids Museum Of Glass》玻璃博物馆，上海，设计师：Coordination Asia（图6-26 ~ 29）

图8-26 ~ 29 灯光、色彩和空间与装饰材料发生对比，并对材料质感的体现产生一定的影响。通过材料本身的肌理、裸露式顶部设计，拼色表皮和精致的陈设，生成一个充满生命活力的空间。

案例 2：《COREDO MUROMACHI2-3》商业空间，日本东京，设计师：Nihon Sekkei
（图 8-30 ~ 33）

图 8-30~33 采用简约、绿色的设计方法，塑造复古怀旧的空间风格。以织毯材料的拼贴和编结组织新的表皮肌理，层次丰富，蕴含浓郁怀旧情感。将木板材料切割安装，在装饰环境的同时起到消音作用。

Chapter

第九章 生态设计

课前准备

　　请每位同学准备 2 张 A4 白纸，规定时间 10 分钟，默写自己所熟悉的室内生态设计案例，10 分钟后，检查同学们的作业，看谁默写的种类多，概念准确，并给出点评。

要求与目标

　　要求：了解生态设计原则与方法、了解材料、装修、节能等生态设计内容。了解生态设计操作的可能性与实施范围。

　　目标：培养学生的生态设计意识和公共责任感。关注环境问题，拓展可持续发展的生存空间，使设计走向新的综合。

本章要点

　　①生态设计概念；②绿色建材和装修、节能措施；③商业空间生态设计探索。

本章引言

　　生态设计是人们如何在设计领域解决生态问题的思维方法和实施过程，生态设计师的责任就是帮助人类解决生态问题，使人、设计、自然、环境以及人类的生活同地球和谐相处。在本章中，我们重点讨论生态设计理念与特征，生态材料及装修、节能要求，商业空间生态设计探索。

第一节 生态设计概念

本节引言

　　生态设计是一个体系与系统。也就是说它不是一个单一的结构与孤立的艺术现象，生态设计与生态学、生态美学、生态技术学等彼此交融，正是多学科的嫁接与交叉使这一设计思想具备了极大的开放性和包容性。在本节中，我们重点讨论生态设计理念、原则、方法。

一、生态设计理念

　　生态设计，也称绿色设计或生命周期设计或环境设计，是指将环境因素纳入设计之中，从而帮助确定设计的决策方向。生态设计要求在产品开发的所有阶段均考虑环境因素，从产品的整个生命周期减少对环境的影响，最终引导产生一个更具有可持续性的生产和消费系统。生态设计理念体现在：

　　1. 整体设计的系统观，对设计的整体考虑，对设计系统中能量与材料的慎重使用。

　　2. 多元共生的设计共生观，与自然、环境共生，设计产品应该符合生态规律，有益于环境的健康发展。

　　3. 倡导可持续发展的设计观，注重经济发展、合理利用资源、保护自然和人文环境、发展的长远性、质量和伦理。

　　4. 地域主义的设计观，复兴传统、发展传统、扩展传统设计和对传统设计的重新阐发。

　　5. 关注伦理的设计观，为广大人民服务，认真考虑地球的有限资源使用问题；注重生态高技术的设计观，反对技术至上，主张采用生态高技术以解决产品中的生态功能。

二、生态设计原则与方法

1. 生态设计的原则（图 9-1 ~ 4）

　　（1）材料消耗最低，即资源保护原则。

　　（2）资源再利用最多，即资源再利用原则。

　　（3）使用再生资源，即资源再生原则。

（4）保护自然原则，对非再生资源，节约利用、回收利用、循环利用，以延长使用期限，恢复和保护环境的自然状态。

（5）设计与自然共生的原则。

（6）应用减轻环境负荷的设计节能新技术。

图 9-1 多元共生的设计共生观，与自然、环境共生，设计产品应该符合生态规律。

图 9-2 原木树段茶几，自然的、简单加工的材料，它的可循环利用的能力强。

图 9-3 黑白灰、本木色，简约的点线面空间构成生态室内场景。

图 9-4 用采集菌类的托架、菌干和装订并切割塑型的旧报纸作为空间陈列。

2. 生态设计的主要方法

（1）全寿命过程法：从设计理念、获得原料、原材料加工到生产、包装、运输乃至消费使用、报废、回收等产品的整个生命期都处于一个良性循环过程。

（2）多样变化法：产品的造型与结构完全针对使用环境而设计，根据零部件的互换性和方便性，采用高标准化的模块组织方式，使产品能够因地制宜地拼装再生。

（3）高技术与智能化法：高效率、多功能、复合型、多媒体、人工智能的综合运用。

三、商业空间生态设计探索

目前，商业空间生态设计探索已经取得一定成果，表现在以下方面：

生态设计	材质特征
简化空间结构	优化、简化空间结构设计，减少资源消耗。避免因为空间围合、家具结构形态复杂而造成使用材料增加。
选用环保材料	严格按照环保检测标准，挑选无污染、无异味、无辐射、无腐蚀的涂料、木材、金属复合材料、塑料制品等等。工程竣工即可使用，无"散味期"。
对废料再利用	精细化管理和跟踪服务，对装修工程废料的设计和再利用，制造拼合材质和装饰品。
缩短装修时间	设计规划精确化，缩短现场装修时间，减少装修粉尘、噪音对环境的影响。
可拆卸家具	采用可移动隔墙、可拆卸组装家具、工厂化加工、现场装配。
自然通风，自然光照	注重自然通风系统和自然采光的运用。设计采用被动通风的循环系统设施。在布局设计中，不遮挡自然光，不封闭窗户，最大限度地利用自然光照，节约用电。

表 9-1 商业空间生态设计成果表现

第二节 材料、装修、节能

本节引言

材料问题是生态设计的关键，使用绿色建材，降低材料消耗，保护资源。对废弃材料的再利用，是资源再生。创建健康无毒环境，减少直至最终杜绝污染。运用减轻环境负荷的设计节能技术。在本节中，我们重点讨论生态建材、减少现场装修和节能问题。

一、生态建材

生态建材又称绿色建材、环保建材和健康建材等。生态建材是指采用清洁生产技术，少用天然资源和能源，大量使用工业或城市固态废弃物生产的无毒害、无污染、无放射性、有利于环境保护和人体健

康的建筑材料。生态建材的概念：（图9-5～8）

1. 来自于生态环境、可持续的材料资源。其主要特征首先是节约资源和能源，减少环境污染，避免温室效应与臭氧的破坏。在欧洲和美国，首选的建筑材料为木材，并作为一个可持续的资源被看作是生态建材。林木规划、种植、开采、加工是可持续、循环的材料资源管理系统。

2. 加工环节少的材料。越是自然的、未经处理的材料，它的可循环利用的能力越强。如原木、树枝和经过简单开片的木料。木材的获取（包括制造、运输和供应）需要的能量小，并且对环境所带来的负荷小。木材还有很好的隔热性能，这也是它被当作低能耗房屋理想材料的原因。木材还具有施工周期短、布局与造型灵活以及维修和翻修方便的优势。

3. 容易回收和循环利用。目前，国内外各种各样可称之为生态建材的新型建筑材料层出不穷，如利用废料或城市垃圾生产的"生态水泥"等。

图9-5 林木规划、种植、开采、加工是可持续、循环的材料资源管理系统。

图9-6 竹子、木材具有施工周期短、布局与造型灵活以及维修和翻修方便的优势。

二、减少现场装修

商业空间装修活动较之其他行业更加频繁，尤其是中小餐饮、发屋、专卖店、零售企业的装修频率特别高。店铺装修过程中占用场地、交通，公共资源，施工所产生的噪音污染、油漆污染、粉尘污染等等，对周边环境影响较大。其原因及减少现场装修的控制方法如下：

1. 商业空间装修活动频繁的原因

（1）通过装修出新吸引顾客。现在的街面上，老字号老招牌老形象几乎没有了，普通店铺的门面和室内装修要不断出新，才能在不断流失老顾客的同时，吸引来换口味尝尝鲜的新顾客。

（2）发屋时尚化、饮食潮流化，风格口味跟风变，发屋、餐饮店必须时常翻新门面和内部布局与装修出新，跟上风尚。

（3）商业竞争激烈，更换业主和营业店铺频繁，歇业开业此起彼伏。营销模式改变，必然带来营业空间的不同使用，新装修在所难免。

图9-7 根据外形尺寸制定模数系列，可以使各类部件尺寸标准协调一致，便于互换组合。

2. 减少现场装修的控制方法

（1）经过对原有室内装修物的再设计，最大程度利用原有立面、家具出新。

（2）使用生态建材，实现零污染，对长期经营活动极为重要。

（3）控制施工时间，减少现场装修工期。要尽可能采用模数化设计，工厂化加工，现场安装。

图9-8 工厂化生产加工，运至工地直接施工拼装，不会造成现场污染。

三、日光照明和自然通风

日光照明和自然通风是重要的节能举措。

1. 日光照明。日光照明的历史和建筑本身一样悠久，但随着方便高效的电灯的出现，日光逐渐为人们所忽视。直到最近，人们才重新审视自己一味追求物质享受，过度消耗地球自然资源的不理智行为。利用自然采光，节约人工照明用电的主要方法有：

（1）空间布局时要依据光源方向留出"日光通道"。家具布置不挡光，不封闭日光光源。

（2）系统研究和利用日光照度，在不同时间段合理设置人工照明补光和布光，两者交替使用，满足营业照明需求。

2. 自然通风，即利用自然风压、空气温差、密度差等对室内、矿井或井巷进行通风的方式。不同建筑设计形成的自然通风形式有：

（1）贯流式通风。俗称穿堂风。建筑物迎风一侧和背风一侧均有开口，且开口之间有顺畅的空气通路，从而使自然风能够直接穿过整个建筑。

（2）单面通风。当自然风的入口和出口在建筑物的同一个外表面上。在风口处设置适当的导流装置，可提高通风效果。

（3）中庭通风。通过风井或者中庭中热空气上升的烟囱效应作为驱动力，把室内热空气通过风井和中庭顶部的排气口排向室外。商场内顾客流量大，空气易污浊，为了保证空气清新，应注意通风设施建设。营业场所的温度对顾客和商品保管都有影响，商场也应考虑空调设施的建设。

第三节 隔断、家具、设施

本节引言

生态设计不是静止、固态的设计，而是开发、行进式的设计。设计中应留有足够的弹性以适应未来发展，如家具的可拆卸性、可移动性、可变化性等等。在本节中，我们重点讨论可拆卸组装家具、模数设计、柔性设计。

一、可移动隔墙、可拆卸组装家具

采用可移动隔墙、可拆卸组装家具是生态设计工作的重要部分。在大开敞空间中适宜通过"柔性空间设计"，用高隔间系统的围合、组织来划分和限定某些特定空间，不仅可以适应不同的工作人员的要求，创造出更为丰富的空间层次，而且能够使环境蕴含不同的观念和情感。专业的室内隔断墙和可拆卸组装家具有如下特点：

1. 材质丰富：如环保合金骨架结构，可大容量走管线，保温、隔音、抗击，可拆装式，表板材料，易清洁，多色彩，富于变化。符合环保要求，可挑选余地大，面板材料肌理丰富多样，防火吸音易清洁。

2. 空间合理利用：高隔间系统既拥有传统墙体的围合隔断功能，还具备家具的功能，其暗橱设计充分利用墙体空间提高空间的使用率，面板开启可存取物品，闭合后与周围墙体浑然一体。可移动高隔间

图9-9 街道桌：产品所有组成部分都采用了 CNC 数控切割技术，不需要黏合剂。

图9-10 竹椅：规则化、模数化连续拼接，方便组装成不同效果的空间构件。

图9-11 竹椅：将经过打磨处理、粗细不一的竹竿紧紧捆扎在一起，具有粗粝狂放的特点。

图9-12 竹桌：从纵向切割打磨竹节，组合拼接，肌理、色泽丰富，形态生动。

方便快捷，移动轻巧，节省空间，随心所欲变化空间大小。

3. 灵活调整、简便、再利用的模组化的产品，其设计方案保证了其拆装的方便性及再次组合的灵活性。

4. 工厂化生产型材，运至工地直接施工拼装，不会造成现场油污污染，并可减小施工现场噪音污染，加快工程进度。

二、家具模数设计、柔性设计

模数，是选定的标准尺度计量单位。模数被应用于建筑设计、建筑施工、建筑材料与制品、建筑设备等项目，使构配件安全吻合，并有互换性。模数设计具有一定的标准和方法。根据家具外形尺寸制定模数系列，可以使各类家具尺寸标准协调一致，便于家具形式的互换组合，有利于室内空间的平面布置。而根据家具的部件即几种主要的板块尺寸制定模数系列，减少了部件的规格尺寸，加强了部件的互换通用性，因而有利于机械化批量生产和使用功能的弹性发挥。

柔性设计，是预见变化并自动应付变化的设计，是一种对"稳定和变化"进行设计和管理的新方略。依据柔性设计和管理理念，在工厂里进行标准化模块生产，且将材料面板和构件进行时尚创新，根据对时尚风潮的把握组装成不同效果的空间。可自由拆卸的组合隔墙、地板送风空调系统与架空活动地板、方块地毯以及综合布线系统等，是利用现代建造业成熟的技术进行有机整合的成果。

三、生态设计创意

目前，在室内空间设计中，生态设计的建造创意不断涌现。如纸材料和回收废料的建造设计被室内设计大量采用。用纸做结构材料不仅可以减小建筑物的重量，加快施工速度，降低成本。而且建筑物拆除后，纸可以重复利用，对环境保护亦有好处。瑞典的一位科学家通过添加多种化学合成物，制成一种新型波纹纸板，其硬度竟然和钢一样。这种材料不仅非常坚固，又保持了纸板质轻的特点，而且具有良好的耐火、耐热和防水性能，特别适合于制造飞机、轮船和筑桥等。

2011 年 9 月，北京国际三年展览主题二：知"竹"。竹，作为亚洲地区常见的手工艺和建筑和设计材料，具有悠久的历史和浓郁的汉文化特色。中国的竹文化，无论是在民俗还是在文人文化中均有大量体现。竹材料在衣食住行各方面均有广泛的运用。竹子作为一种绿色材料，符合当代社会关于可持续发展的理念。现代设计师把握竹子文化和环保两方面的特殊优越条件，创作成崭新的产品设计。（图9-9 ~ 12）

第九章 单元习题和作业

1. 理论思考

（1）什么是生态设计？

（2）生态设计的原则是什么？

（3）请举例简述商业空间生态设计特点。

（4）为什么商业空间装修活动频繁？

2. 操作课题

（1）选择一个服饰店，做一个生态设计规划：包括生态设计适应性、设施措施建议。

（2）选择一个餐厅项目，做一个自然通风和日光照明分析文案，对空间隔断和家具设计提出建议措施。

3. 相关知识链接

（1）请课后阅读《生态设计》生态设计定位、生态设计机制、生态设计形态等章节。刘晓陶著，山东美术出版社 2006.1

（2）请课后阅读《建筑学教程1：设计原理》宜人的形式：事物之间可栖息的空间等章节。[荷]赫曼·赫茨伯格著，天津大学出版社 2008.4

4. 案例欣赏

案例1：《DOVER STREET MARKET NEW YORK》服饰店设计，美国纽约，设计师：Rei Kawakubo（图9-13 ~ 16）

图9-13 ~ 16 以大面积工业灰色地面结合旧家具设计，点缀有鲜艳色彩装饰，格调清新，浓而不腻，追求本真。本案最为突出的是所有空间建构和装饰材料都是二次利用的旧物件，水洗木、原木纹，温馨淡雅。

EXERCISES

案例 2：《Shun Shoku Lounge by Guranavi》食品推广店，日本大阪，设计师：Kengo Kuma & Associates（图 9-17 ~ 20）

图 9-17 ~ 20 作品大量运用木材毛坯板，材料不受损，可以重复使用。根据空间部件即几种主要的板块尺寸制定模数系列，减少了部件的规格尺寸，互换通用。折叠手法运用娴熟，巧妙地将整体与局部、立面与柜台结合起来。

Chapter

第十章 课题设计

课前准备

请每位同学准备 2 张 A4 白纸，规定时间 10 分钟、在 6m 开间、12m 进深的设定平面尺寸里，默画自己所熟悉的专卖店、餐厅空间平面布局图各一幅，签字笔线描。10 分钟后，检查同学们的文字，并保留作业至本章教学结束，对照自己的认识与教学要求的异同。

要求与目标

要求：通过对本章的学习，使学生充分了解服饰专卖店设计、餐厅与酒吧设计、展厅设计的要点，走进身边空间中认识和发现有意味的商业空间形态。

目标：培养学生的专业操作能力，观察与思考身边的商业形态和商业空间类型特点，为商业空间设计实践打好基础。

本章要点

①专卖店设计要点；②餐厅设计要点。

本章引言

商业空间作为公共空间的重要组成部分，对人们生活影响巨大，是我们基本生活活动空间。商业空间的设计更应当具有前卫的精神，走在设计的尖端，引领时代的潮流，将富有创意与内涵的室内空间展现给人们。本章的教学重点是使学生从了解几个常见空间类型设计要点入手，认识商业空间形态创意特点，锻炼和提高实践操作能力。

第一节 服饰店设计

本节引言

　　设计独特的商店标志和门面、富有创意的橱窗和广告与富于新意的购物环境，才会给消费者留下深刻的记忆。同时，正因为每个商店的独特性、新颖感和可识别性，才形成商业空间气氛和消费与购物环境。在本节中，我们重点讨论商店空间的基本概念和设计实务，设计操作与课题训练。

一、服饰店空间特征

1. 商店空间特征

　　商店空间的格局看似多种多样，但基本规律清晰可辨。从功能上分有三个部分，即商品空间、店员空间和顾客空间。商品空间为主要空间，顾客空间为次要空间，店员空间为辅助空间。其中，商品陈列出样空间为功能性实体占用空间，是直接营业区。店员管理和仓储空间也是功能性实体占用空间，但处于辅助营业区。顾客空间是动态空间，是商品空间的虚空位置和渗透穿插空间。三者之间丰富的组合与变化，形成了有主次关系的空间组织。

2. 服饰店空间特征

　　（1）依据品牌营销定位的风格性特点空间形态表现，如针对特殊人群：男女老幼的不同需求。特殊消费阶层：普通消费、高档消费、品牌消费等等，空间风格特色有硬朗的男装风格的空间特点，柔顺的、性感的、古典的、现代的、前卫等等的女装风格的空间特点。

　　（2）依据品牌营销定位的经济性特点表现空间形态，如商品低密度空间布局的高贵高档感，商品高密度布局的拥挤感和低档出样。

　　（3）流行时尚在空间形态中表现，服饰店紧跟时尚，不断更新空间，不断出新花样，空间造型前卫、装饰时尚。

　　（4）展示陈列艺术化、情境化。表现在空间布局中突出服饰陈列的"赏心式"品牌文化体验，塑造唯美浪漫或清丽可人的店面氛围，用一系列以传播真爱、情趣、乡情、异域等等主旨的品牌活动，使消费者感受爱、幸福、异域情。

二、作业案例

作品《线带之美——服饰店室内设计》，设计：郑明跃（图 10-1 ～ 12）

本案例是位于城市中心的一家服饰店，建筑面积约 300m²，在原有场地的基础上以流畅的曲线重新划分功能分区，在满足零售业基础功能需要的同时，形成富有变化的空间体验。

1. 功能分区。服饰店的功能主要由展示空间和服务空间构成。其中展示空间是主要空间，包括店标、入口、橱窗、展柜、展架和展台等；而服务空间则是辅助空间，比如接待收银台、试衣间、休憩桌椅、储藏室和办公室等。在本案例中，运用其原本建筑平面，重新划分功能分区，形成服务空间、大小展示空间和交通空间等区域。

2. 动线。在本设计中，为了让动线串联更多的服饰陈列区域，在借助于平面布局的基础之上，沿墙体进行了展柜和展架的设置，在局部区域中设置以异形陈列架为主的视觉中心，并尽可能地避免单向折返和死角，使顾客流线通畅。

3. 空间。根据人的视差规律，通过店内地面、顶棚、墙面等各界面的材质、线型、色彩、图案的配置与处理，以及玻璃、镜面、斜线的适当运用，可使空间产生延伸，扩大感。该服饰店中的部分展示区域的虚实相间隔断的处理手法，使得空间之间相互穿插、融合，丰富了主次关系。

4. 色调。总体色调呈淡绿，地、顶墙、楼梯、设施、展架均统一在主色调中，并运用暖色调光环境，主要是通过漫射光运用，生成温润、清丽的店面氛围。

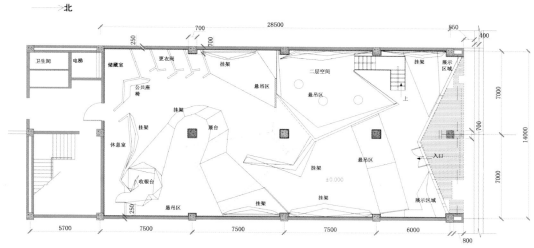

图 10-1 服饰店平面图和顶面图。

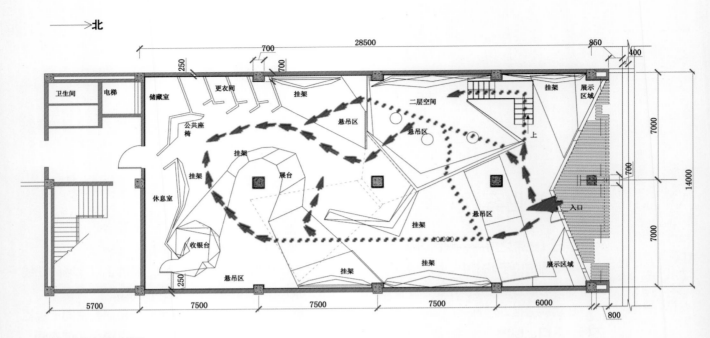

图 10-2 服饰店购物流线图。

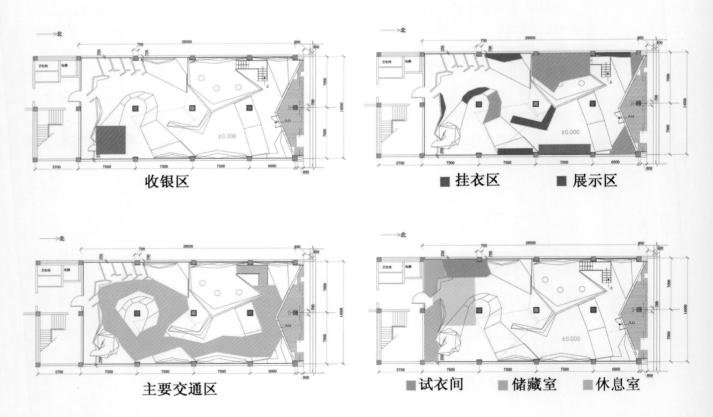

收银区

挂衣区　　展示区

主要交通区

试衣间　　储藏室　　休息室

图 10-3 服饰店功能分区分析图。

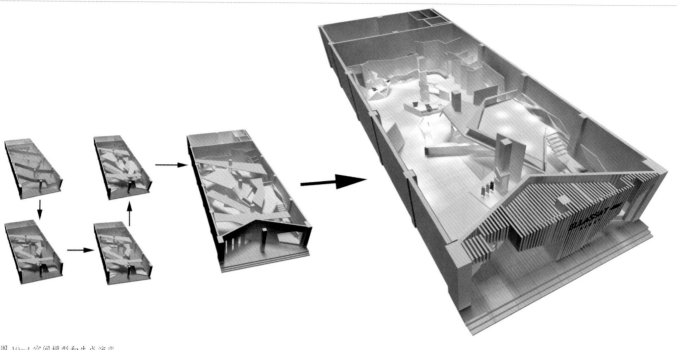

图 10-4 空间模型和生成演变。

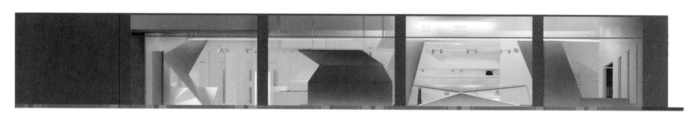

右立面

左立面

图 10-6 服饰店立面分析。

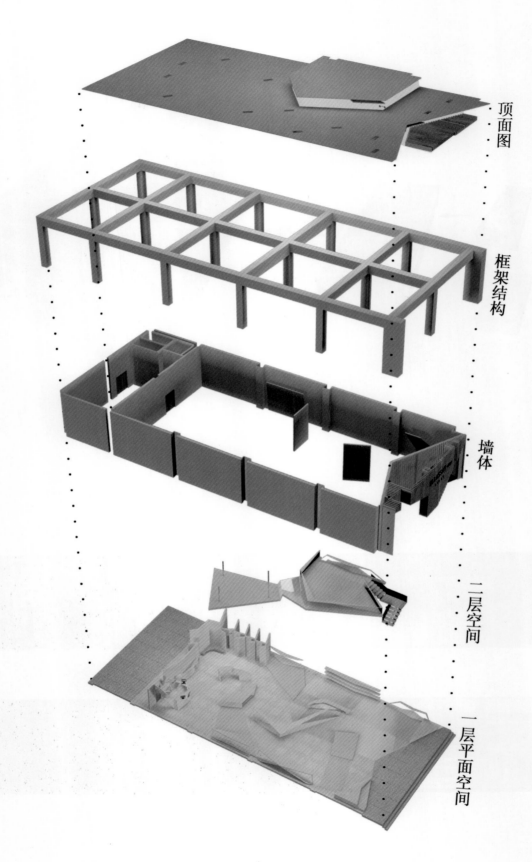

顶面图

框架结构

墙体

二层空间

一层平面空间

图 10-5 服饰店空间结构拆解图。

图10-7 服饰店主要中庭与交通空间场景效果设计。

图10-8 服饰店重点功能区域效果设计。

图10-9 整体光环境设计以漫射为主，配合局部重点布光。

图10-10 空间布局采取低密度摆放展台为主，服饰品出样少，服饰定价高。

图10-11 主题绿色折叠结构贯穿店内地面、立面、顶面、货架和标志。

图10-12 收银台区折叠设计是整个空间动线的端点终结。

三、课题训练

1. 课题目的

在服饰店设计中，包含了商场空间设计的基本要求，同时渗透了展示空间设计的某些特征。其设计主旨是通过对商品多样性的展示，借助展具、灯光、声音等要素，营造便于顾客选购商品或适合于商家进行销售的形式。通过对服装专卖店的课题练习，了解商场空间类型的特点，掌握常见的设计手法，学会组织空间与界面的关系，并能灵活运用于各类建筑室内设计中。

2. 课题内容

项目要求：根据所给的建筑平面图，设计一家服饰品牌专卖店，店名自拟。该服饰店位于某商业步行街，要求设计符合其中高端的品牌形象，反映出品牌的风格特征。

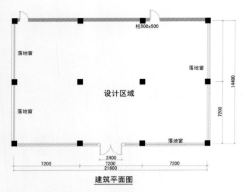

图 10-13 命题作业建筑平面图。

设计细节：该服饰店的建筑面积约为 310m^2，层高 4.5m，除主要的商品展示空间外，还需设立一些辅助空间，如接待与收银、试衣间、休憩空间、储藏间等等。要求充分利用落地玻璃窗、建筑原有框架结构。

作业要求：要求创作完成该服饰店的设计方案，包括：a. 平面布置图（比例自定）、顶面布置图（比例自定）、立面图（比例自定）；b. 色彩效果图，3～4 幅，比例自定，表现手法自选，要求准确生动地描绘出空间的形态、尺度以及材料的色彩、质感，需要表现出一定的细节设计；c. 设计说明；d. 完成 A3 设计文本一套。（图 10-13）

3. 课题操作程序和要求

（1）专题观摩。组织参观相关服饰店，对功能、分区和顾客的活动特点进行调研。

（2）资料整理。在调研的基础上，收集相关数据，如最基本的人体尺度、人流范围、家具尺寸等。

（3）概念设计。结合具体的设计要求，展开关于设计主题、风格的初步构想。

（4）方案设计。对服饰店的空间组织、界面装饰等做进一步深入探讨与设计。在设计过程中，应当大处着眼、细处着手，从里到外、从一而终，处理好整体与局部的统一关系，通过图纸、模型和文字说明等，正确、完整、富有表现力地表达出设计作品。

（5）文本设计和制作，电子稿汇报的动画、PPT 制作。

4. 课题操作重点

（1）定位研究。服饰店的品牌形象如何在室内设计中加以体现十分重要，两者必须保持高度的统一性和协调性。应该根据商店的经营性质、商品的特点和档次、顾客的构成、商店形象外观以及地区环境等因素，来确定室内设计总的风格和定位。

（2）视觉中心设计。在服饰店中，规划设置视觉中心设计是吸引顾客的最直接且有效的手段。要有简单明确的主题，以建立展品的特有形象。突出商品的特点、款式、风格和文化，并与店面周围的环境进行交流与互动。

（3）空间设计。空间设计是服饰店空间的最重要部分，柜台、展架应当成为专卖店的功能中心，因此要把室内最好的、最有利于展现商品的区域让给这个功能中心。商品是专卖店的"主角"，空间设计手法应衬托商品，服饰店的室内环境只是商品的"背景"。

（4）艺术照明。商品展示通过局部照明、艺术照明，以加强商品展示的吸引力。

第二节 餐厅设计

本节引言

当代餐饮空间的使用和设计受经济不断提高、信息不断加强的影响，餐饮设计文化已成为世界性共享的一种时尚文化。设计的表达形式受日益复杂的顾客的群体需求的变化，加入设计特点，餐饮的风格化、个性化成为主流。在本节中，我们重点讨论餐厅空间的基本概念和设计实务，设计操作与课题训练。

一、餐厅空间特征

1. 餐饮空间

餐饮空间，指在一定的场所，公开地对一般大众提供食品、饮料等餐饮的设施和公共餐饮屋，既是饮食产品销售部门，也是提供餐饮相关服务的服务性场所。餐饮类营业空间类型有中式餐厅、西式餐厅、快餐店、风味餐厅、酒吧、咖啡厅、茶室等。人们走进餐馆、茶楼、咖啡厅、酒吧等餐饮建筑，除了满足物质功能以外，更多的是休闲、交往、消遣，从中体味一种文化并获得一种精神享受，餐饮建筑应该为客人提供亲切、舒适、优雅、富有情调的环境。

2. 餐厅空间特征

餐厅、餐馆、饮食店和食堂空间，一般都是由供顾客就餐的饮食厅区域的直接营业区，餐厅接待空间和厅堂共享部分的亚营业区，厨房和饮食制作间的后厨空间，仓储空间、卫生间、交通等等辅助空间组成。其中，门厅、休息厅、餐饮区、卫生间等功能区域是顾客消费逗留的场所，也是餐饮空间室内设计的重点。

二、作业案例

作品《草地上的纸盒——主题餐厅室内设计》，设计：吴志刚、孟超翊（图 10-14 ~ 25）

本案例是位于城市中心的一家主题餐厅，面积约 300m²。原场地空间为 L 形，如何处理空间，使其在满足接待顾客和使顾客方便用餐这一基本要求外，同时还要追求更高的审美和艺术价值，及更好的空间感受，使得空间更有特色，成为此案重点需要解决的问题。

1. 总体布局。餐厅总体环境布局是通过交通空间、使用空间、工作空间等要素的完美组织所共同创造的一个整体。主次流线有效地串联起了整个空间的每个部分。

2. 空间创意。空间设计的灵感来源为一张白纸，首先将白纸定向切割，形成条带状后，然后通过折、包、卷等方式，从而形成座椅、台阶、隔断、吊顶等局部，再将这些局部组织、拼接，最终构成一套完整的包裹的空间。同时座椅、隔断的立面甚至大块的地面都被铺上了草坪，代替了建筑原本冰冷的混凝土，另外"白纸"的表面印上了树的剪影，使得人们在室内用餐时如同在树林里的草地上，让人们切实感受到绿色、自然。

3. 绿色表皮。表皮材质的选择以草地、树木为主，来强调生态的理念，材料与形式均与室内空间相呼应。材质选择了以木和人造石为主，意在表达一种更接近质朴自然的感觉。

4. 细部刻画深入。进入餐厅，中间最大的面积用作大厅散座，而雅座设于两侧，相对围合安静。大厅中间的立柱利用与周边统一的材料进行弱化，地面处理相对简单，顶面做不规则的划分吊顶，与空间中运用的折线相呼应，使得细节更加丰富。

图 10-14 空间设计概念与背景图片。

    剪   **剪**   **折**

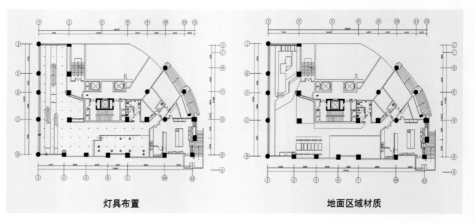

灯具布置   地面区域材质

图 10-15 室内平面布置和顶面图。

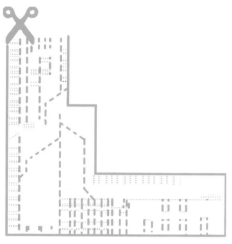

图 10-16 空间构成概念示意图。

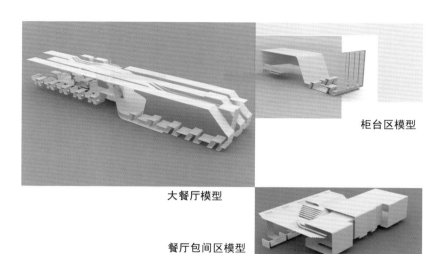

柜台区模型

大餐厅模型

餐厅包间区模型

图 10-17 空间模型图。

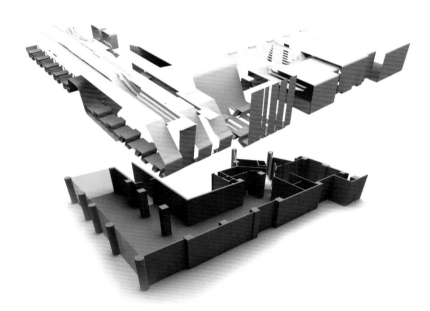

图 10-18 整体空间模型结构与建筑围合关系示意。

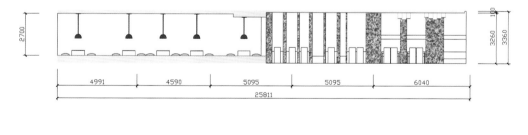

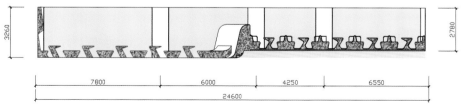

图 10-19 立面 CAD 设计图。

图 10-20 餐厅售卖柜台设计：以板片扭转翻折成型，空间灵动，富于意趣。

图 10-21 顶部的下悬灯带为环境漫射给光，形态整齐划一，富于律动。

图 10-22 家具设计与地面结构和材质巧妙结合，开合适度，精巧自然。

图 10-23 沿墙面斜向隔断，突出了局部空间的围合感。

图 10-24 仿制草坪的棉毯沿墙、地面铺设，气息清新，肌理丰富。

图 10-25 定制无纺布巨幅森林风景图案，增加了空间场景戏剧情节变化。

三、课题训练

1. 课题目的

　　熟悉餐饮室内设计的基本原则及设计手法，通过分阶段的设计方式，研究餐饮室内设计的思考方法，完成一次餐饮空间的室内设计过程。通过对餐厅空间的课题练习，了解餐饮空间类型的特点，掌握常见的设计手法，学会组织空间与界面的关系，并能灵活运用于各类建筑室内设计中。

2. 课题内容

　　（1）项目要求：根据所给的建筑平面图，设计一家餐厅，店名自拟。该餐厅位于某特色食街，要求设计符合其乡土菜系的地方风味餐厅。

　　（2）设计细节：该餐厅的建筑面积约为 210m^2，层高 4.5m，除主要的营业空间外，还需设立一些辅助空间，如接待与收银、休憩空间等等。要求除大厅散座外，至少包括 3 个（10 人单桌）包间；功能设计合理，基本设施齐全，能够满足餐厅营业的要求。

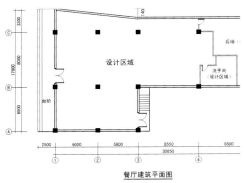

图 10-26 命题作业建筑平面图。

　　（3）作业要求：要求创作完成出该餐厅设计方案，包括：a. 平面布置图（比例自定）、顶面布置图（比例自定）、立面图（比例自定）；b. 色彩效果图，3 ~ 4 幅，比例自定，表现手法自选，要求准确生动地描绘出空间的形态、尺度以及材料的色彩、质感，需要表现出一定的细节设计；c. 设计说明；d. 完成 A3 设计文本一套。（图 10-26）

3. 课题操作程序和要求

　　（1）专题调研。组织对相关餐厅的功能、分区和顾客的活动特点进行调研。

　　（2）资料整理。在调研的基础上，收集相关数据，如最基本的人体尺度、人流范围、家具尺寸等。

　　（3）概念设计。结合具体的设计要求，展开关于设计主题、风格的初步构想。

　　（4）方案设计。对餐厅的空间组织、界面装饰等做进一步深入探讨与设计。通过图纸、模型和文字说明等，正确、完整、富有表现力地表达出设计作品。

　　（5）文本设计和制作，电子稿汇报的动画、PPT 制作。

4. 课题操作重点

　　（1）空间组织设计。分析各种构成元素的内在逻辑，加工、排列后形成空间秩序并达到清晰逻辑的理性和谐。运用并列或重叠、线性或组团方式进行空间围合。

　　（2）家具设计。餐厅中桌椅、沙发等等因其体量和形态往往在空间中占据重要的位置。它们向人们暗示了此区域的活动内容，无形中将各功能区域进行分割。

　　（3）场景设计。是设计师塑造个性化餐厅的重要手段。设计上可以不拘一格，采用多种设计手法来演绎空间，营造丰富的空间层次变化和增加室内景观的视觉观赏性，增强就餐空间的艺术美感和空间感染力。

（4）主题化设计。在满足商业需求的同时根据不同的设计主题，借鉴戏剧"剧本"创作的要素，即选择空间的主题、适当的材料（道具），使空间在故事情节、情感体验中变化，强调空间氛围，突出个性与情感的表达。

课程教学安排建议（教案）

课程名称	商业空间设计	总学时	80学时	适用专业	环境艺术设计及室内设计专业
前修课程	素描、色彩、设计基础、建筑设计初步、制图基础、计算机辅助设计、室内设计基础等				
课程教学目的和培养目标	通过课程教学使学生达到如下成就： 1.知识方面：了解商业和商业空间的"概念"、"构成要素"以及"生成方式"的相关知识，认识商业空间的功能、形式以及空间类型属性的内在关系，理解商业空间设计的本质，掌握商业空间塑造的方式，熟悉商业空间设计的基本方法。 2.能力方面：训练初步掌握一定的商业空间理论知识，掌握商业空间设计所需的基本知识：商业形态、空间形态、材料设计、色彩设计、视觉中心设计、生态设计，具备基本的空间规划、组织和设计能力。 3.素质方面：树立科学的设计观，能够从本质的角度分析评价室内空间，养成独立思考、善于探索的学习习惯。				
课程内容和学时分配建议	1.一般艺术学院实行每周16学时制，课程四周是64学时，部分学院课程安排是三周48学时，本书第三、四、七、八章涵盖了商业空间设计的基本知识点，这第十章空间设计课题训练作为基本课程教学内容和实训练习安排，而其他章可供学生课余学习和欣赏。 2.本书可以分开为二个单元课程教学安排：采取三周加三周（或四周加四周），其中，本书第三、四、七、八章商业空间设计的基本知识点为前三周（四周）教学内容，本书第十章空间设计课题训练的其中一个类型为后三周（四周）教学内容，这样的二阶段安排将理论知识点与不同类型空间设计应用结合起来，其他章可供学生课余学习和欣赏。 3.本书可以专供商业空间设计课程教学使用：三周48学时（或四周64学时）课程中，以本书第四章空间形态设计教学，第十章空间设计课题训练为重点，将其他章节为基本知识点，贯穿其专业设计课程课堂教学。				
教学方法	1.主要采用课堂教授，多媒体图像、参考文献导读与课堂讨论相结合的教学方法。 2.鼓励学生课外文献阅读和参观相关商业空间装修工程现场、装饰材料市场、装饰配套市场。 3.通过课外文献阅读，拓宽知识面，通过参观与讨论，将理论与实践相结合，加深对商业空间设计的概念与定义、课程设置的了解。				
考核方式	1.采用过程考核与目标考核相结合的方式。过程考核包括课堂出勤和随堂考察；目标考核指课程作业。 2.课程作业包括：一是以文字为主、插图为辅的理论思考题，每篇文字题作业200字即可；二是操作训练题，重点考核学生的对手能力、建模、课外调研等。				

注：课程教学安排建议提供了一种教学重点、进度和作业安排模式，教师可以根据自己课程需要，灵活拉长或缩短课时。